마법망치의
내장 목수
교과서

내장 목수는 인테리어 목수라고도 불리며 주로 건축물의 실내에서 작업을 한다. 다양한 각재, 판재, 마감용 자재를 가지고 내부 구조물 및 마감 설치 작업을 하는 목수를 말한다. 내장 목수는 수많은 종류의 자재를 다루며 작업하지만, 내부 목공사 및 설치 공사에 사용하는 모든 자재의 특성과 가공 및 설치 방법을 모두 알고 작업하기란 매우 어려운 일이다.

대부분은 목수라 하면 모두 같은 일을 하는 기술자로 알고 있다. 하지만 목수라는 직업에도 전문 분야들이 따로 있다.

과거에는 대목수와 소목수로 구분했으나 현재는 더 많은 분야로 나눠진다.

건물의 콘크리트 형틀을 만드는 형틀 목수, 건물의 내부를 작업하는 내장 목수(인테리어 목수), DIY 가구 등을 만드는 가구 목수, 문틀과 문짝 등을 만드는 창호 목수 등이 있으며, 이 중에서도 한 가지만을 전문으로 작업하는 천장(덴조) 목수, 문틀과 문짝만 설치하는 목수, 몰딩만 작업하는 몰딩 목수 등으로 상당히 세분되었다.

이렇게 많은 목수의 작업 중에서도 가장 다양한 지식이 필요한 목수는 단연코 내장 목수라 할 수 있다.

현장마다 그 공간의 사용 목적과 용도에 따라서 목수의 시공 방법과 소재도 달라지고, 같은 작업이라도 현장의 상황과 여건에 따라서 작업 방법이 달라진다. 그렇기에 내장 목수는 기본적인 방법을 다른 작업에 응용할 수 있어야 한다. 그래서 인테리어 목공 작업에는 정답이 없다.

현재 내장 목수는 주택의 내부 목공사 및 상업 시설의 내부 목공사와 음악실, 강당, 등 수많은 내부 설치 공사 인테리어 작업 등이 있는 곳에서 작업하고 있다.

그래서 내장 목수는 전공 분야의 작업뿐만 아니라 미장, 도배, 도장, 마루, 타일, 가구, 싱크, 금속 작업 등 타 공정의 마감 작업을 일부라도 알아야만 내장 목수의 작업을 하는 데 많은 도움이 된다.

또한, 내장 목수는 자신이 사용하는 모든 공구의 사용 방법, 사용하는 자재의 특성, 가공 방법 및 기본으로 사용하는 간단한 수학 공식까지 알아야만 천장, 마루, 벽체, 가구, 문틀, 문짝, 계단 등의 작업을 조금 더 쉽고 빠르고 정확하게 작업할 수가 있다.

하지만 내장 목수가 사용하는 자재와 작업 방법을 설명한 책은 없는 것 같고, 좋은 내장 목수 반장(사수)을 만나기도 매우 어렵다.

그래서 나는 내장 목수 일을 하면서 배우고 느낀 점을 모아 정리하기로 했다. 지금 시작하는 초보 목수와 일부의 기능공들 또, 인테리어를 배우고자 하는 디자인 쪽 실무자나 건물의 업주와 건축주 등 인테리어와 관련된 분들이 현장 여건과 상황에 맞는 자재와 작업 방법을 선택하고 알 수 있는 매우 기본적인 내용을 모아 보았다.

내가 처음 내장 목수 일을 접하며 힘들고 어려웠던 일들을 정리하고 길잡이 역할을 하면 이 분야를 시작하시는 분들에게 조금이나마 도움이 되지 않을까 해서 《마법망치의 내장 목수 교과서》를 쓰게 되었다.

하지만 이 한 권의 책으로 내장 목수 일을 전부 정리한다는 건 불가능하다. 천장, 벽체, 문틀 및 창호, 가구, 마루 및 데크, 목계단 등 모두를 책으로 작업한다면 각각의 분야에 2~5권은 될 것이기 때문이다.

이 책은 현재 내장 목수로 현업에 종사하면서 내장 목수의 가장 기본적인 내용만 모아 정리한 책으로, 인테리어 목수의 작업을 알면 인테리어 디자인과 현장 마감을 어떻게 할 것인지 감이 잡힐 것이다.

내장 목수의 공구와 도구

내장 목수 자재

목수의 수학과 응용

작업과 기술

8 목계단

9 계단 난간대

1 내장 목수의 공구와 도구

인테리어 내장 목수는(이하: 내장 목수) 수많은 목공 작업용 공구와 도구를 사용해서 작업한다.

내장 목수가 사용하는 공구와 도구는 수공구, 전동 공구, 에어 공구, 측정 도구 등이 있으며, 이 밖에도 목공 작업을 위한 수많은 부속 도구와 장비들도 사용한다.

여기서는 내장 목수에게 필요한 공구와 도구를 간단하게 설명하고자 한다.

1 수공구와 도구

수공구와 도구는 못 주머니와 벨트, 망치, 줄자, 톱, 대패, 끌, 니퍼, 직각자(ㄱ자), 연귀자, 필기구(연필, 샤프, 홀더), 먹통과 분통, 커터칼, 드라이버, 육각 렌치 등이 있다.

수공구와 도구는 내장 목수가 작업 현장에서 주로 몸에 지니고 작업하는 내장 목수의 필수품이라고 할 수도 있고, 작업 현장에서 어떤 작업을 하는가에 따라서 소지하는 공구와 도구는 조금씩 달라질 수 있다.

1. 못 주머니와 벨트

못 주머니는 모든 내장 목수의 필수품이다.

못 주머니가 없다고 작업을 못 하는 건 아니지만, 그만큼 작업의 능률이 떨어지기 때문에 못 주머니는 현장에서 꼭 필요한 도구라 할 수 있다.

내장 목수가 못 주머니와 벨트에는 걸고 담고 작업하
는 물건들은 각종 못, 타카핀, 망치, 줄자, 커터칼, 막
끌, 타카, 니퍼, 필기구 등이 있으며, 목수의 작업 방
법과 내용에 따라서 필요한 도구와 공구는 많이 달라
지기도 한다.

또한, 작업 상황에 따라서 전기 테이프, 접착제, 육각
렌치, 드라이버, 피스, 충전 드릴, 작은 수평대 등 다
양한 작업 공구와 도구를 담고 걸 수도 있다.

철물점에 가면 쉽게 구할 수 있으며, 자신에게 가장
적합한 제품을 골라 사용하면 되고 맘에 안 든다면 직접 개조해서 만들거나 가죽 공방 등에
주문해서 사용해도 된다.

2. 망치

내장 목수에게 망치가 없다면 목수가 아니라고 말할 수 있다.

예전에는 망치로 못을 박고 빼는 등 많은 작업을 했지만, 지금은 에어 공구로 작업을 하다 보
니 망치의 사용 빈도는 예전만 못하다. 하지만 망치는 목공 작업 중에 없어서는 안 되는 꼭 필
요한 수공구라고 할 수 있다.

내장 목수의 망치는 주로 빠루 망치를 말한다.

망치는 대·중·소망치로 구분하며, 내장 목수들은 주로 작은 소망치를 더 선호하고 많이들 쓰
고 있다. 물론 기호에 따라서 중망치와 대망치를 쓰는 목수들도 있다.

현재 내장 목수의 망치는 못을 박는 도구로 사용하기보다는 튀어나온 타카핀을 박고, 콘크리트나 미장면 등 작업해야 할 면에 튀어나온 곳이나 못, 철사 등을 정리하는 보조 도구로 더 많이 사용한다.

망치는 철물점이나 공구상에서 쉽게 구할 수 있으며, 내장 목수들이 가장 많이 사용하는 망치 중에서 자신이 사용하기 좋은 것으로 구매하면 된다.

3. 줄자

현장에서 사용하는 줄자라 하면 한 손에 쥐고 사용하는 스프링식 줄자를 말한다.

내장 목수들은 각자 사용하기 좋은 5m, 5.5m, 7.5m 등의 줄자를 많이 사용하며, 줄자는 미터법의 줄자로 밀리미터 단위로 되어 있는 제품을 주로 사용하고 있다.

많은 줄자 중에서 세계적으로 유명한 국산품 코메론 줄자는 품질도 매우 좋아 내장 목수들도 아주 많이 사용하고 있으며 나 또한 국산 줄자를 사용한다.
철물점이나 공구상에서 쉽게 구할 수 있으며 내장 목수들이 많이 사용하는 줄자 중에서 한 손에 쥐고 사용하기 좋은 것으로 구매하면 된다. 이왕이면 국산을 사용하자. 광고는 아니다.

4. 톱

톱은 나무를 자르거나 켜는 공구로 내장 목수에게는 필수 공구 중 하나다. 톱날은 나무를 직각 방향으로 자르는 날과 길이 방향의 켜는 날로 구분한다.

최근 내장 목수의 톱이라 하면 100% 자르는 톱을 말한다.

현재 톱은 톱자루와 톱날로 구분해서 따로 판매하고 있으며, 톱자루는 나무와 PVC 등의 소재로, 다양한 모양으로 만들어 판매하고 있다.

톱자루는 자신의 취향에 따라 구매해 사용하면 된다.

톱날 또한 다양한 회사의 제품들이 있으며, 내장 목수들이 주로 사용하는 톱날은 265mm, 300mm이다.

이 중 내장 목수는 좀 더 정교한 작업을 위해 265mm 톱날을 더 많이 선호하며 사용하고 있다.

철물점이나 공구상에서 쉽게 구할 수 있으며, 내장 목수들이 많이 사용하는 톱날과 자루 중에서 자신이 사용하기 좋은 것으로 구매하면 된다.

5. 대패와 숫돌

대패는 나무를 깎고 다듬는 공구로, 대패는 날의 넓이와 대패집의 길이 생긴 모양으로 구분한다.

대패의 종류로는 평대패, 귀대패, 배대패 등 수많은 대패가 있고 그중 평대패만 해도 초벌·중벌·재벌·마무리대패로 나눠진다.

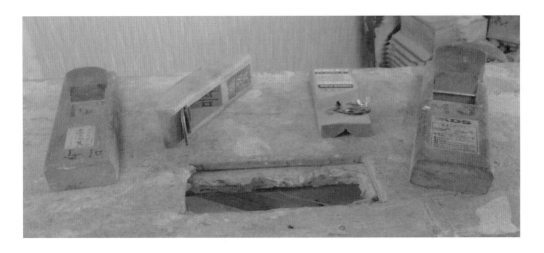

그러나 요새는 나무를 가공하는 전동 공구와 장비들이 발달하여 공장에서 가공된 목재를 완제품으로 납품하기에 손대패들이 목공 작업 현장에서 사용할 이유가 많이 사라지고 있다.

현재 내장 목수에게는 작고 휴대하기 좋은 평대패, 귀대패 정도만 있어도 작업을 하는 데 전혀 문제가 없다.

평대패는 대패날과 대패집으로 구성하며, 대패의 날을 아무리 잘 갈아도 대패집이 안 좋으면 나무를 깎는 데 힘이 들 뿐만 아니라 잘 깎이지도 않는다.

또, 대패날을 숫돌에서 너무 세워서 갈면 나무가 잘 안 깎이고 너무 눕혀서 대패날을 갈면 대패날이 빨리 망가진다. 대패날은 많이 갈아 보고 나무도 많이 깎아 봐야 느낌을 알 수 있다.
대패날을 갈기 위한 각도는 숫돌의 평면에서 ±30˚ 정도가 내장 목수들이 많이 사용하는 날의 각도라 할 수 있을 것 같다.

그럼 대패와 끌의 날물을 갈 때는 내장 목수는 어떤 숫돌을 사용할까?

숫돌과 샌드페이퍼(Sandpaper)는 표면적 1inch²당 연마석 알맹이가 들어가는 평균 개수로 규격을 정한다.

1inch²당 연마석 가루가 굵으면 적게 들어가고 작을수록 많이 들어간다. 이를 입도라고 한다.

입도를 기준으로 1inch²당 약 80개, 1inch²당 약 1000개 등에서 기준 숫자 1inch²을 빼고 부르는 숫자로 숫돌과 사포(빼빠)를 사람들은 80방, 1000방 등으로 부른다.

내장 목수들이 주로 사용하는 숫돌은 초벌용 400 방과 중벌용 800~1000방을 많이 사용하며 마감 숫돌로는 5000방 이상의 숫돌을 사용한다.

그렇다면 대패의 날만 잘 갈면 나무가 잘 깎일까? 답은 아니다. 대패집도 잘 잡아야(수리해야) 나무를 깎을 때 힘이 덜 들고 잘 깎인다.

대패집을 잡는 방법은 목수마다 각자의 의견이 달라서 어느 방법이 정답이라고 말할 수 없다. 중요한 건 대패집을 잡았을 때, 나무가 잘 깎이고 힘이 덜 든다면 그것이 바로 나만의 방법이며 정답일 것이다.

평대패집을 고쳐야 하는지 확인하는 간단한 방법은 대패날을 대패집의 바닥면보다 조금 들어가게 빼고 바닥이 평평한 금속판이나 판재 위에 대패를 두고 대패의 대각선에 모서리를 양손의 손가락으로 살살 눌러서 대패집이 움직이지 않아야 한다.

대패집을 잡는 방법은 글로 설명이 어렵고 목수들도 각자의 방법과 생각이 다르다.

각자 선배 목수들에게 물어보고 배워서 대패집을 잡아 보고 나무를 깎아 보면서 자신만의 방법을 찾길 바란다.

대패는 철물점이나 공구상에서 쉽게 구할 수 있으며, 내장 목수들이 많이 사용하는 대패 중에서 자신이 사용하기 좋은 것으로 구매하면 된다.

현장에서 작업 중 대패날을 갈면 된다고 생각하지 말자. 대패날은 집에서 시간을 가지고 미리 잘 관리해서 언제든지 현장에서 사용할 수 있게 준비해야 한다.

 대패집은 집에서 관리하기란 좀 번거롭고 어려울 수 있다. 이때는 현장에서 쉬는(점심) 시간을 이용해 현장에서 짬짬이 손을 봐도 좋다.

6. 끌

끌은 전동 공구의 발달로 사용할 곳이 적어지고 있지만, 그래도 현장에서 자주 사용하는 공구로 목수라면 꼭 준비해야 한다.

끌은 크기는 날의 넓이로 말한다.

예전에는 일본어 단위로 불렸지만, 지금은 밀리미터 단위로 많이 불리고 있고 9, 12, 15mm로 3mm씩 커진다.

내장 목수는 다양한 치수의 끌을 가지고 있어도 좋지만, 현재는 많이 사용하는 크기의 끌 한두 가지만 가지고 다녀도 된다.

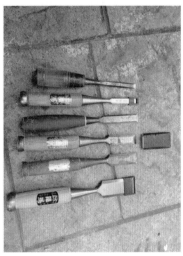

내장 목수가 주로 사용하는 끌은 15, 21, 24mm이며, 나머지는 필요할 때 하나씩 구매하는 것도 좋다.

끌은 잘 갈아서 날을 보호할 수 있는 끌 집을 만들어 날이 손상되는 것을 방지하고 필요한 경우 바로 사용할 수 있게 준비해 둬야 한다.

철물점이나 공구상에서 쉽게 구할 수 있으며, 끌의 손잡이 소재도 나무, 플라스틱(Plastic) 등 다양하지만 나는 나무로 된 끌을 권하고 싶다. 하지만 본인이 사용하기 좋은 것으로 구매하면 된다.

7. 니퍼

니퍼는 전선 등을 자르는 공구로 전기 작업자들이 많이 사용한다. 하지만 언제부터인가 내장 목수의 못 주머니 속에 한 자리를 차지하고 있다.

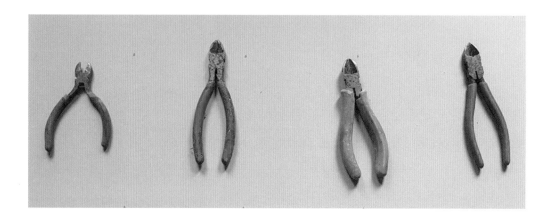

최근 내장 목수라면 누구나 하나씩은 못 주머니에 넣고 다닌다고 할 수 있고 자주 사용하는 공구 중 하나다.

니퍼는 아마도 타카를 사용하면서부터 목수들에게 필요한 공구가 된 것 같고, 타카로 작업을 하다 보면 니퍼로 타카핀을 빼고 잡는 등 그 사용 빈도가 생각보다 매우 많다.

니퍼는 저렴한 것을 골라 사용하는 게 좋다. 이유는 써 보면 안다. 니퍼는 싸구려가 좋다는 걸. 타카핀이 너무 잘 잘리면 짜증도 많이 난다.

철물점과 공구상에서 쉽게 구할 수 있는 공구로 본인이 사용하기 좋고 저렴한 것으로 구매하면 된다.

8. 직각자(ㄱ자)와 연귀자

예전과 달리 현재 직각자는 꼭 필요한 도구는 아니지만 그래도 현장에서 자주 사용하는 도구다. 현장에서는 직각자를 일본어인 '사시가네'라고 많이들 부르고 있다.

직각자는 현장에서 가구 및 목계단 작업 등에 주로 사용하며, 작업하다가 필요한 시점에 구매해도 되지만 미리 준비하는 것이 좋다.

 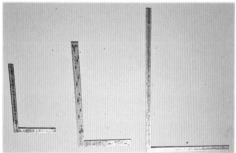

직각자는 그 종류도 아주 많고 사용 용도도 다르지만, 현장에서 가공하는 자재의 작업 크기에 따라서 직각자의 크기는 달라질 수도 있다. 하지만 직각을 맞추는 건 같다.

직각자는 밀리미터 단위가 있는 제품으로 구매하면 되고 튼튼하고 휴대가 좋은 제품을 골라 사용하면 된다.

연귀자도 직각자와 비슷한 작업을 하지만 각도가 직각과 45°로 만들어진 제품으로 연귀 작업에 좀 더 사용하기 편하다.

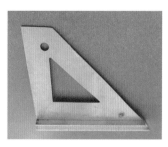

연귀자와 직각자는 규모가 있는 철물점이나 공구상에 가야 다양한 제품을 볼 수 있으며 그중에서 자신이 사용하기 좋고 튼튼한 것으로 구매하면 된다.

직각자는 사용 후 직각에 변형이 생기지 않도록 관리를 잘해야만 오랫동안 변형 없이 사용할 수 있다.

9. 필기구(연필, 샤프, 홀더 샤프)

내장 목수의 필기구는 연필, 샤프, 홀더 샤프 등이 있으며, 내장 목수가 주로 필기구를 사용하는 곳은 각종 판재, 각재, 콘크리트, 시멘트 등에 주로 사용한다.

내장 목수에게 필기구가 없다면 아무 작업도 할 수 없다고 생각하면 된다.

① 연필

연필은 연필심의 강도로 구분하며 문구점에서 판매하는 연필심의 강도는 6B~6H까지 판매하고 있다.

그중에서 내장 목수가 가장 많이 사용하는 연필은 중간 정도의 진하기와 강도를 가진 B, HB, H의 연필이다.

목수가 사용하는 연필은 시멘트, 콘크리트, 목재, 판재 등에 사용하다 보니 연필심이 빨리 닳고 자주 부러진다. 그렇기에 항상 충분한 여분도 준비해서 가지고 다녀야 한다.

② 샤프

샤프는 현재 내장 목수들이 가장 많이 사용하는 필기구다. 샤프는 심의 두께로 구분하며, 내장 목수들이 가장 많이 사용하는 샤프는 0.9mm 샤프로 샤프심은 B, HB, H로 연필과 같은 강도의 심을 선택하여 사용하면 된다.

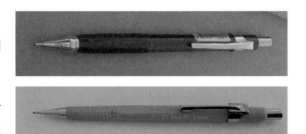

샤프는 연필심을 깎는 불편함은 적지만 현장에서 작업하다 보면 샤프를 자주 떨어뜨려서 고장이 날 수 있어 여분의 샤프 한두 자루와 샤프심은 항상 준비해서 가지고 다녀야 한다.

③ 홀더 샤프

홀더 샤프는 하나만 가지고 있어도 좋
다.

홀더 샤프는 작업하면서 시멘트나 콘크리트 바닥과 천장, 벽면 등에 필요한 표기를 하면 좋다.

특히 먹 작업을 할 때 샤프나 연필보다 심의 강도도 좋고 색깔도 다양해서 표기점이 눈에 잘
띄어 사용하기 좋다.

10. 먹통과 분통

① 먹통

먹통은 먹물을 담은 통 속으로 실을 통과시켜서 바닥, 벽, 천장 등에 먹실을 쳐서 직선을 그리
는 도구로 내장 목수 작업에 아주 많이 사용하는 필수 도구다.

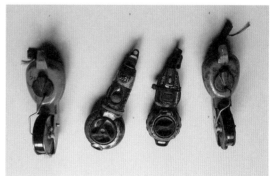

철물점이나 공구상에서 아주 다양한 디자인과 가격으로 판매하고 있으며, 손으로 실을 감는
수동 먹통과 스프링식 자동 먹통이 있다.

먹통은 본인이 사용하기 좋고 편한 거로 구매해 사용하면 된다.

하지만 먹통은 마감 작업이 돼 있는 곳이나 부분 보수 공사에 먹통을 사용하면 먹물이 지워지지 않고 남아 있을 수 있어 작업을 잘하고도 개목수라는 소리를 들을 수도 있다.

그래서 필요한 것이 분통이다.

② 분통

분통이란, 통 안에 다양한 색채의 고운 분말을 담아 그 속으로 실을 통과시켜 줄을 쳐서 선을 그리는 도구다.

현장에서 자주 사용하기에는 불편하지만, 마감 작업이 다 돼 있는 곳이라면 작업 후에 분말을 지울 수 있기에 꼭 필요할 때가 있다.

특히 부분적으로 수리하는 보수 공사 현장에서는 마감재 위에 분통으로 꼭 작업해야만 하는 곳도 있다.

먹통과 분통은 철물점이나 공구상에서 쉽게 구할 수 있으며, 다양한 디자인에 자동과 수동 중에서 작업 중에 줄이 끊어지면 줄의 수리(교환)가 쉬운 제품으로 사용하기 좋은 것을 구매하면 된다.

11. 커터칼

커터칼은 내장 목수에게 꼭 필요한 도구로 내부 목공사에서 석고 보드 절단에 가장 많이 사용한다.

커터칼의 크기는 대, 중, 소 세 가지로 문방구와 철물점 등 다양한 곳에서 판매한다.

커터칼은 튼튼하고 칼날의 교환이 쉽고 칼날의 움직임과 고정(멈춤)이 좋은 제품으로 맘에 드는 것을 골라 사용하면 된다.

12. 드라이버

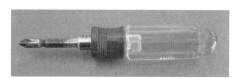

손 드라이버는 내장 목수가 자주 사용하는 도구로 큰 것보다는 작은 것이 못 주머니에 담고 사용하기 좋다.

손 드라이버도 다양한 곳에서 판매한다. 이왕이면 비트 교환용으로 십자(+)와 일자(-)가 함께 있는 것을 사는 것이 좋다.

꼭 필요한 것은 아니지만 그래도 자주 사용하므로 미리 준비하는 게 좋다.

13. 육각 렌치 및 기타

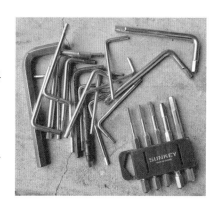

육각 렌치는 따로 구매할 필요는 없다.

타카나 공구를 사면 그 내용물 안에 포함되어 있어 충분히 사용하고도 남는다.

하지만 내용물 안에 포함된 육각 렌치로 고장이 난 공구를 수리하다 보면 많이 불편할 수도 있다.

그래서 충전식 전동 드릴에 사용하는 육각 비트로 미리 준비하는 게 더 좋을 것 같다.

이외 기타 공구와 부속품으로는 작은 빠루, 스패너와 멍키스패너, 바이스프라이어, 목공 클램프, 버니어 캘리퍼스, 클립 공구 등 수많은 공구와 도구가 있다.

2 전동 공구 및 부속 날물

내장 목수가 사용하는 전동 공구 및 부속 날물로는 원형 톱 및 원형 톱 세트, 각도 커팅기 및 슬라이딩 커팅기, 전기 드릴 및 충전 드릴, 직소기, 그라인더(Grinder), 트리머(Trimmer), 루터 (Router), 홈파기 대패(사꾸리), 샌더(Sander)기, 전동 대패, 해머(Hamma) 드릴, 멀티마스터, 체인톱 등과 각각의 전동 공구에 필요한 부속 날물들이 있다.

내장 목수에게 전동 공구는 꼭 필요한 작업 공구로 각종 작업의 용도에 맞게 다양한 제품들을 사용하고 있다.

내장 목수가 사용하는 모든 전동 공구를 한 번에 모두 구매하기에는 금전적인 부담이 크다. 그래서 사용 빈도가 높고 많이 사용하며 꼭 필요한 전동 공구부터 하나씩 준비해 가는 것이 좋다.

1. 원형 톱 및 원형 톱 세트

원형 톱 작업대 세트는 내장 목수반장이라면 모두 하나씩은 가지고 있다고 생각해도 된다.

원형 톱 작업대 세트는 원형 톱과 작업대 및 톱 가이드가 한 세트로 이루어진다. 세트로 판매하는 제품도 있지만, 별도로 하나씩 구매한 후에 만들어서 작업 현장에서 조립해서 많이 사용하고는 한다.

① 원형 톱
원형 톱은 내장 목수의 작업 현장에서 가장 많이 사용하는 필수품으로 목공반장이라면 꼭 필요한 전동 공구다.

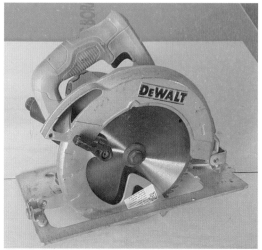

원형 톱은 합판, MDF, 집성판 등의 판재를 절단(자르고 켜는 작업)하는 전동 공구다. 판재를 직접 절단하기도 하지만, 원형 톱을 작업대(테이블) 하부에 부착하여 가장 많이 사용하고 있다.

테이블 전용 원형 톱도 있으나 가격이 비싸고 무거우며 부피가 커서 한 현장당 평균 작업 일수가 7~14일을 주기로 자주 이동하는 내장 목수의 특성상 테이블 전용 원형 톱은 작업 여건에 안 맞는 경우도 많다.

그래서 무게와 부피를 줄이기 위해 원형 톱과 가이드를 따로 구매하고 원형 톱 작업대는 자신이 원하는 크기로 직접 만들어서 원형 톱을 부착해 많이들 사용한다.

원형 톱은 다양한 크기의 제품들이 있으며, 주로 힘이 좋은 소형의 원형 톱을 많이 사용하고 있고, 중간 크기인 원형 톱을 사용하는 목수반장들도 있다.

작업대에 부착해서 사용하는 원형 톱에는 목수가 작업 현장에서 주로 사용하는 자재에 종류에 따라 원형 톱날을 다르게 선택하여 사용하는 것이 좋으며, 원형 톱에 무리를 주지 않는다.

원목을 주로 켜서 작업하는 현장이라면 켜는 원형 톱날을 사용하는 것이 좋고, 합판이나 MDF를 주로 사용한다면 자르는 원형 톱날을 사용하는 것이 좋다.

원형 톱날은 생산하는 회사마다 켜는 날의 명칭이 조금씩 달라서 톱날의 생긴 모양을 보고 선택해야 한다.

원형 톱의 켜는 날은 초경 날 끝이 보통 직각의 형태라 할 수 있고, 자르는 날은 초경 날 끝이 사선이라고 보면 쉽다.

원형 톱날의 규격은 인치법 치수로 원형 톱날의 지름을 기준으로 6인치, 8인치 등으로 부르며 1인치는 약 25mm로 10인치는 250mm라고 생각하고 계산해 구매하면 된다.

공구상이나 철물점에서 판매하는 원형 톱날은 대부분 자르는 날이라 쉽게 구할 수 있지만 켜는 날은 생각보다 구하기가 쉽지는 않다.

② 원형 톱 작업대

내장 목수가 사용하는 원형 톱 작업대는 목수반장이 소유한 차에 실을 수 있는 크기로 직접 만들어서 가지고 다니며, 기성품 원형 톱 작업대로 만들어진 제품을 구매해서 가지고 다니는 목수반장도 있다.

원형 톱 작업대는 목수반장이 주로 작업하는 내용과 그 용도에 맞게 만들며, 갖가지 형태와 기능을 추가해서 만들고, 가지고 다니는 목수반장들도 있다.

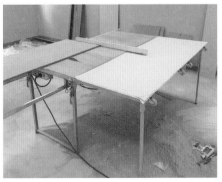

현장의 내장 목공 작업 책임자(반장)로 작업하지 않는다면 원형 톱 작업대는 필요 없다.

원형 톱 작업대를 만드는 방법은 인터넷상에 동영상 및 사진으로 많이 공유되고 있고, 자재의 절단 시 목재의 분진이 많이 발생하므로 집진기를 설치한 분도 있다.

③ 원형 톱 가이드

십여 년 전까지만 해도 테이블 원형 톱 가이드는 현장에서 직접 만들어서 사용했다. 하지만 최근에는 만들어서 사용하는 목수는 없다.

원형 톱 가이드는 생산하는 회사마다 각기 다른 소재와 디자인으로 다양한 제품들을 판매하고 있으며 많은 목수반장이 사용하는 제품으로 구매하는 것이 좋다.

원형 톱 가이드는 규모가 큰 철물점이나 공구상에 가야만 다양한 실물 제품을 볼 수 있으며 그중에서 자신이 사용하기 좋고 튼튼한 것으로 구매하면 된다.

2. 각도 커팅기 및 슬라이딩 커팅기

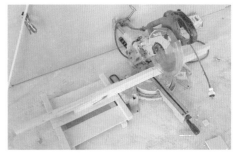

내장 목수의 커팅기는 주로 각재 및 몰딩 등을 자르는 용도로 사용하며 내장 목수에게는 꼭 필요한 필수품이다.

내장 목수의 커팅기는 각도 커팅기를 말하며 폭이 넓은 판재까지 자를 수 있는 슬라이딩 각도 커팅기도 많이들 사용한다.

커팅기는 전동 공구상 등에서 쉽게 구매할 수 있으며 생산하는 회사도 모양도 디자인도 다양하다.

커팅기는 주로 수입품을 많이 사용하며, 적게는 십만 원대부터 백만 원이 넘는 다양한 제품들이 있다.

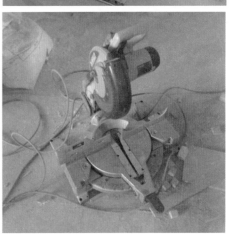

각도 커팅기에 사용하는 원형 톱날의 종류로는 금속, 알루미늄, 목재용 등이 있으며 주로 각재를 절단하거나 몰딩 작업 등에 사용하는 목공용 원형 톱날은 초경의 날수가 많은 자르는 원형 톱날(정밀)을 사용하는 것이 좋다.

3. 전기 드릴 및 충전 드릴

드릴은 현장에서 자주 사용하는 전동 공구이다.

그중에서 많이 사용하는 드릴은 충전용 무선 드릴이며, 일반 전기 드릴은 꼭 필요한 경우 생긴다면 그때 구매해도 된다.

충전 드릴의 용도는 따로 설명할 필요가 없을 정도로 잘 알고 있을 것이다.

충전 드릴은 일반 드릴과 임팩 드릴 두 가지 있는데, 일반 드릴은 자재에 구멍을 뚫을 때 주로 사용하고 임팩 드릴은 각종 피스 및 볼트, 너트 등을 조이고 풀 때 사용한다.

충전 드릴은 전동 공구상 등에서 쉽게 구매할 수 있으며 내장 목수뿐만 아니라 모든 분야의 전문가들도 많이 사용하는 제품으로 선택하는 것이 좋다.

충전 드릴에는 각각의 상황에 맞는 부속 날물이 있고 목재, 철재, 콘크리트 등 상황에 따라 다양한 크기의 타공(기리) 날이 있다.

또 삼각, 육각, 십자, 일자 등의 비트가 있고 이외에도 드릴에 물려 사용하는 각가지 부속 날물들이 있다.

작업하다 보면 자연스럽게 필요한 것을 알 수 있기에 기본으로 많이 사용하는 날과 용도만 설명하고 필요한 것들만 구매하면 될 것으로 본다.

일단 구멍을 뚫을 때 필요한 드릴 날에는 목재, 철재, 콘크리트, 용으로 나눌 수 있다.

목재용 드릴 날은 작은 날부터 큰 날까지 다양하나 처음 구매해야 할 것은 문짝에 실린더와 레버를 설치할 때 사용하는 57mm 실린더 홀스와 24mm 목재용 날만(일명: 돼지 꼬리) 구매하면 되고 두 가지를 묶어서 파는 제품도 있다.

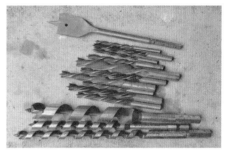

목재용 드릴 날은 ⌀ 9, 12, 15, 18, 21, 24, 27mm 와 같이 3mm 단위의 크기로 판매하고 9mm 이하 제품은 목재용과 금속용으로 사용해도 아무 문제가 없다.

금속용 드릴 날은 0.5~1mm 단위로 판매하는 것으로 알고 있다.

목공 작업에서 많이 사용하는 드릴 날은 천연 방부목 작업과 가구의 손잡이 설치 등에서 피스를 통과시켜 설치하기 위해 많이 사용하는 3, 4.5, 5, 6mm 정도 드릴 날만 있어도 처음 작업하기에는 충분하다.

나머지는 작업에 필요한 경우에 작업 용도에 맞는 날은 그때 가서 규격에 맞는 제품을 구매하면 된다.

또한, 드릴 탭은 일자(-), 십자(+), 3각, 4각, 6각 등이 있으며 크기와 길이도 다양하다.

그중 가장 많이 사용하는 탭은 십자(+)자 PH2로 길이는 60~100mm 정도만 있어도 작업에 큰 불편은 없다.

나머지 부속 비트나 탭 등은 작업 상황과 여건에 따라 한두 가지씩 구매하면서 작업을 하면 된다.

4. 직소기

직소기는 날물이 직각으로 움직이면서 주로 판재를 자유로운 곡선으로 절단하거나 넓은 판재 등에 구멍을 뚫을 때 사용하는 공구로 목수반장이라면 하나씩은 가지고 있다.

자주 사용하는 전동 공구는 아니지만, 가구 작업 등 작은 원형 가공 작업에 꼭 필요한 때도 있기에 여유가 있다면 미리 준비해도 좋고, 직소기가 필요한 작업이 있을 때 구매해도 된다.

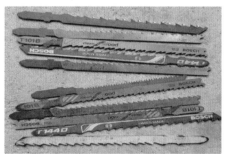

직소기에 날은 금속을 절단하는 날과 목재를 절단하는 날이 있으며 목공 작업에는 중간 크기(약 100mm)의 목재 절단용과 금속용 날을 구매하면 된다.

5. 그라인더

그라인더는 다용도 공구로 부착하는 부속 날물 등에 따라서 다양한 작업을 할 수 있는 전동 공구다.

내장 목수가 현장에서 자주 사용하는 전동 공구로, 작업 시 필요한 일이 생기면 바로 구매하는 것이 좋다.

충전용이 아니라면 가격도 저렴해서 큰 부담 없이 준비할 수 있다. 전동 공구상 등에서 쉽게 구할 수 있고, 국산도 성능이 좋아 많이들 사용하고 있으며 최근에는 충전식 그라인더도 많이 사용한다.

그라인더의 날물은 절단, 연마 등 다양한 부속 날물들이 있으며 필요할 때마다 필요한 부속 날을 구매해서 그 용도에 맞게 사용하면 된다.

하지만 그라인더는 정말 위험한 전동 공구라서 그라인더로 작업할 때는 안전을 위해 보안경, 안전 장갑 등의 안전 장비를 착용하고 정말 신중하고 안전하게 작업하라고 당부하고 싶다.

6. 트리머(핸드루타)

내장 목수에게 트리머는 꼭 필요한 전동 공구는
아니지만 트리머는 매우 다양한 용도로 작업이 가
능한 공구다.

판재의 타공 및 홈파기 곡선 및 원형의 절단 작업
과 문틀 및 문짝에 홈파기, 각재 및 판재의 모서리
다듬기 등 정말 많은 작업이 가능한 전동 공구로
여유가 있다면 미리 구매해 두는 것이 좋다.

트리머 날은 크게 두 가지로 구분하며, 트리머 날
(비트)에 베어링이 붙어 있는 날과 없는 날로 구분
할 수 있다.

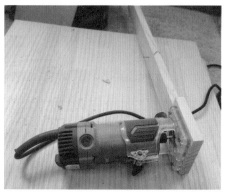

베어링이 없는 날은 곡선의 절단 홈파기 등에 사
용할 수 있으며, 트리머에 가이드 부착해서 판재의
각진 면을 가공하는 작업 등에도 사용할 수 있다.

베어링이 있는 날은 주로 각재 및 판재의 모서리
에 여러 가지 모양으로 만들 때 사용하며, 날의 모
양 생김새에 따라서 가공면의 모양이 달라진다.

여기서 자재의 다듬은 면이 바깥쪽으로 둥글게 가
공되면 마루면이라 부르며, 속으로 둥글게 들어가
면 긴나면이라 부른다.

트리머 날은 베어링이 있는 마루면 ⌀ 5mm~

10mm 작업용 날과 베어링이 없는 날 ⌀5mm ~10mm 한두 개 정도만 있어도 일단 작업에 큰 문제 없이 작업할 수 있다.

나머지는 작업 상황에 따라 필요한 날물은 하나씩 구매하면 된다. 세트로 판매하는 제품도 있지만, 작업에 필요 없는 날들이 많아 권하고 싶지는 않다.

7. 루타

루타는 트리머와 같은 작업을 하는 전동 공구로 트리머보다 크고 힘이 좋은 전동 공구로, 루타와 트리머의 작업 방법은 같다.

루타는 주로 두꺼운 판재 등을 원형으로 가공하거나 가구 문짝에 싱크 경첩을 설치하기 위한 싱크 홀 작업 등에 주로 사용하며 자주 사용하는 공구는 아니지만 있으면 매우 좋다.

루타 날은 절단용 날과 싱크 경첩용 날만 있으면 작업에 어려움이 없다. 나머지 필요한 날물들은 차차 용도에 맞게 준비하면 된다.

8. 홈파기 대패(사꾸리)

목재에 홈을 파는 전동 공구로 자주 사용하는 공구는 아니지만, 목계단의 디딤판에 챌판 홈을 가공하는 작업에는 정말 좋은 공구다.

또한, 비규격 원목 문틀을 현장에서 가공하는 작업에도 좋다.

홈파기 대패가 있다면 원목 작업에서 작업의 품질 및 완성도를 많이 올려 주기도 한다.

9. 샌더(Sander)기

샌더기는 사포(빼빠)를 샌더기에 부착해서 회전 또는 진동으로 목재의 면을 갈고 다듬는 데 사용하는 전동 공구다.

내장 목수의 작업에서는 주로 가공 후 조립이 완성된 가구 등에 날카로운 모서리(코너)나 거친 면을 갈고 마무리 작업을 하는 곳에 사용한다.

자주 사용하는 공구가 아니므로 필요한 경우가 생긴다면 그때 구매해도 된다.

10. 전동 대패

현재 전동 대패는 문짝을 달 때 가장 많이 사용한다.

손대패로 문짝을 깎아도 되지만 그건 문짝이 몇 짝이 안 될 때의 이야기다. 설치하고 깎아야 할 문 짝이 많다면 작업 속도를 올리기 위해 전동 대패 는 꼭 필요하다.

전동 대패를 사용한다는 건 곧 문틀을 잘못 설치 했다는 뜻이기도 하다. 문틀만 잘 설치했다면 전동 대패는 필요 없다.

11. 해머 드릴

해머 드릴은 콘크리트, 타일, 대리석 등에 구멍을 뚫는 공구다.

내장 목공 작업에서 자주 사용하는 공구는 아니지 만, 현장 상황에 따라 칼브럭을 사용하거나 앙카를 설치할 때 사용하는 공구로 꼭 필요할 때가 있다.

미리 구매할 필요는 없는 공구로 현장의 작업 상 황과 여건에 따라서 작업에 필요하다면 그때 구매 하면 된다.

해머 비트는 자주 사용하는 칼브럭용 6mm와 8mm를 구매하면 되고 세트 앙카용 비트 14mm, 17mm, 22mm, 중 내장 목수가 가장 많이

사용하는 비트는 14mm로 먼저 준비하고 나중에 필요한 비트는 추가해 가면 된다.

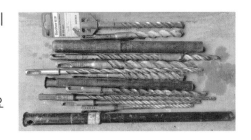

세트 앙카 작업에는 그에 맞는 앙카 펀치도 필요하다.

12. 멀티마스터

멀티마스터는 진동을 이용하여 소재를 절단하고 면을 다듬는 전동 공구로 자주 사용하는 공구는 아니지만 구석진 코너에 돌출된 목재나 금속 등을 절단하고, 그 코너에 면을 갈고 다듬을 수 있는 유일한 전동 공구다.

최근 내장 목공 작업에서 설치된 석고 보드나 MDF에 구멍을 뚫을 때 아주 편하게 작업할 수 있고 발생하는 먼지도 적어 내장 목수가 작업에 사용할 수 있는 곳이 점점 많아지고 있다.

13. 체인톱

큰 원목을 절단할 때 사용하는 공구로 내부 목공사에서는 거의 사용하지 않는 공구다.

목조 주택 공사에서 가끔 사용하기도 하지만 구매할 필요는 없다. 꼭 필요한 경우가 생긴다면 그때 생각해 보자.

3 측정 공구

측정 공구는 작업에서 수직과 수평을 확인하고 거리와 높이를 확인하는 등에 사용하는 공구들을 말한다.

내장 목수가 사용하는 측정 공구로는 수평대, 레이저 수직·수평기, 레이저 거리 측정기, 일반 레벨기 등이 있다.

1. 수평대

수평대는 레이저 수직·수평기의 발달로 그 사용 빈도가 현저하게 줄어든 제품으로, 지금은 수평대 없어도 내장 목수가 현장에서 작업하는 데 큰 불편함이 없다.

하지만 수평대는 아직도 많이 사용하는 측정 도구로, 작업 현장의 여건과 상황에 따라서 꼭 사용해야만 할 경우도 있다.

현재 내장 목수들은 못 주머니 벨트에 부착해서 사용할 수 있는 작은 수평대를 많이 사용한다.

2. 레이저 수직·수평기(레벨기)

레이저 수직·수평기(이하: 레벨기)는 내장 목수의 필수품으로 내장 목수반장이라면 기본으로 하나는 가지고 있어야 한다.

작업 인원이 많아지면 더 필요하겠지만, 그렇다고 작업자의 인원수대로 구매할 필요는 없다.

레벨기는 공구상과 철물점 등에서 구매할 수 있다.

이왕이면 집에서 가깝거나 자주 가는 단골 집에서 구매해야 A/S를 받거나 오차를 교정할 때 좋다.

레벨기를 사용하는 사람 중에 스위치를 켰을 때 레이저 불빛만 켜지면 수직·수평에 오차가 없는 줄 알고 그대로 작업에 사용하는 사람도 있다.

하지만 레벨기는 사용 중에 넘어지거나 충격 등으로 오차가 생길 수 있기에 작업 전에 확인하지 않으면 설치물의 수직과 수평이 틀어져 대형 하자가 발생할 수도 있다. 그러므로 내장 목수라면 작업에 들어가기 전에 꼭 오차를 확인한 후 작업을 해야 한다.

오차를 확인하는 방법은 레벨기를 구매하면 동봉된 사용 설명서에 잘 나와 있으며, 오차를 확인하는 방법은 아주 간단하다.

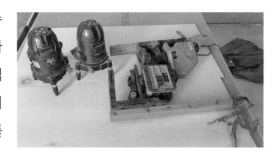

평면의 바닥에 레벨기를 켠 뒤, 한 벽면에 수직과 수평이 만나는 레벨기의 빛에 중앙과 수직선 상부에 그리고 90° 꺾인 곳에 한점 모두 3점을 표기하고 레벨기를 90°씩 돌려가면서 3번만 표기점과 레벨기 빛의 차이를 확인하면 된다.

3. 레이저 거리 측정기

레이저 거리 측정기는 내장 목수의 필수품은 아니지만, 현장에서 매우 빠르고 편안하게, 거리 및 높이를 측정할 수 있는 도구다.

최근에는 레이저 거리 측정기를 사용하는 내장 목수들이 많아지고 있으며 레이저 거리 측정기는 오차만 없다면 휴대하기 좋고 저렴한 제품으로 구매해도 좋다.

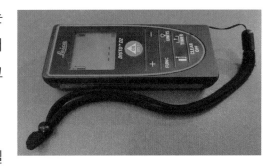

내장 목수는 천장의 몰딩 작업 및 줄자로 실측이 어려운 곳에 사용하며 목공사 견적을 위한 현장 실측에 매우 편하게 사용하기도 한다.

4. 일반 레벨기

일반 레벨기는 실내의 내부 목공사 작업에서는 굳이 필요가 없다.

다만 외부에서 작업해야 하는 목조 주택 및 데크 작업 등에서 한낮에 레이저 수직·수평기는 햇빛으로 인해 레이저 빛이 잘 안 보이기에 간혹 사용하기도 한다.
레벨기를 사고 13년 동안 두 번 사용해 봤다.

4 에어 공구 및 도구

현재 내장 목수의 공구와 도구는 에어를 사용하는 제품으로 만들어진 공구와 도구가 아주 많고 또 많이 사용하고 있다.

현재 내장 목수에게는 에어 공구와 도구는 목공 작업에 필수품이라고도 할 수 있다. 그럼 에어 공구와 도구를 알아보자.

내장 목수가 사용하는 에어 공구 및 도구로는 컴프레서, 에어 호스, 카프링, 에어 건, 타카 P-630 실 타카, F-30 타카, F-50 타카, T-64 타카, CT-64 타카, 422 타카, 1022 타카, 네일 건 등이 있다.

1. 컴프레서(콤프레샤)

컴프레서는 공기를 압축 저장하여 압축된 공기의 힘으로 다양한 곳에 사용하는 장비로, 에어 공구를 사용하는 곳에서 컴프레서가 없다면 어떤 작업도 할 수가 없다.

현재 내장 목수의 작업 공구인 타카는 에어 공구로 목공 작업에 필수가 된 이상 컴프레서는 꼭 필요한 장비라고 할 수 있다.

컴프레서는 다양한 크기와 디자인으로 만들어져서 판매되고 있으며, 내장 목수반장과 함께 작업하는 인원수와 작업에 사용하는 에어의 사용량에 맞게 컴프레서를 선택해 사용하고 있다.

현장에서 내장 목수반장들이 가장 많이 사용하는 제품은 4~5마력 정도의 출력(힘)으로 가볍고, 이동하기가 좋고, 소음이 적은 제품을 선호한다.

2. 에어 호스

에어 호스는 말 그대로 공기 호스다.

컴프레서의 압축된 공기를 호스를 통해 에어 공구로 전달하는 도구로 내장 목수 작업에서는 이 또한 필수품이다.

목수가 작업 현장에서 사용하는 에어 호스는 부드러운 우레탄 연질의 호스가 내장 목수의 작업에 사용하기 좋으며, 에어 호스의 규격은 ⌀ 8, 10, 12mm가 있고 내장 목수가 주로 사용하는 규격은 주로 8mm와 10mm다.

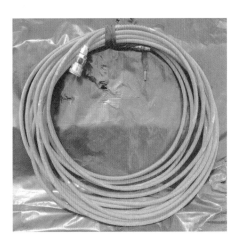

100m짜리 한 롤만 구매해도 현장에서 사용하는 데 부족함이 없을 것이다.

3. 카프링

카프링은 암수가 한 세트로 에어 호스와 조립하여 컴프레서와 에어 공구를 연결하거나 분배하는 부속 장비이다.

필수품인 카프링은 공구상 등에서 쉽게 구할 수 있으며, 에어 선의 규격에 맞게 선택하여 구매하면 된다.

카프링은 본인이 원하는 카프링 6세트와 3구 분배 카프링 한두 개 정도만 있어도 작업하는데 어려움이 없으며, 앞에서 구매한 에어 호스를 10~15m로 절단하여 3~5개를 조립하고, 나머지 에어 호스를 이등분해서 카프링과 조립하여 사용하면 좋은 것 같다.

위에서 길게 설명했지만, 그냥 본인이 하고 싶은 대로 잘라서 만들어 사용해도 된다.

4. 에어 건

에어 건은 컴프레서의 압축 공기를 분사하는 도구이다.

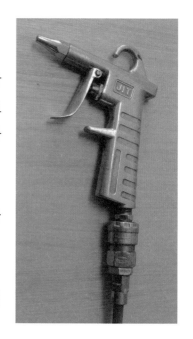

꼭 필요한 도구는 아니지만, 작업 중 또는 작업 후에 옷이나 작업장의 먼지 등을 에어 건으로 불어서 털어 주는 도구로 하나 정도 있으면 작업 현장의 먼지가 차와 집까지 붙어 가지 않아서 좋다.

이 밖에도 에어 드릴, 에어 그라인더, 에어 해머 등 다양한 제품들이 판매되고 있다.

현장에서 타카 작업 중에 다른 에어 공구를 사용하면 에어가 딸려서 타카를 사용하지 못할 수도 있다.

5. 타카

에어 공구에서 타카는 내장 목수의 목공 작업에서 가장 많이 사용하고 그 사용 용도에 따른 종류도 많다.

타카는 컴프레서의 압축된 공기의 힘으로 가공된 자재 및 부자재에 타카핀 또는 못(네일)을 박아 고정 또는 연결, 조립 등을 할 수 있게 해 주는 공구다.

목공 작업에서 가장 많이 사용하는 타카로는 CT-64, F-30, 실 타카, 422 타카로 내장 목수의 작업 현장에서는 필수 타카라고도 할 수 있다.

나머지 타카들은 작업의 상황이나 여건에 따라 구매하면 되고, 데크 작업용 네일 건, 천장 틀 작업용 T-64 타카, FST 타카(콘크리트용) 짧은 ST핀 전용 타카 등이 있다.

내장 목수반장에게 필요한 필수 타카는 CT-64, F-30, 실 타카, 422 타카이다. 작업할 인원 수에 맞게 준비하는 것이 좋지만, 처음부터 많은 타카를 준비하는 데는 금전적인 부담이 있을 수 있다.

필수 타카를 준비한다면 CT-64, F-30, P-630(실 타카), 422 타카로 일단 두 벌씩만 준비해도 2~3명이서 작업은 할 수 있다. 하지만 가능하다면 작업하는 인원수에 맞게 준비하는 것이 작업반장의 도리가 아닐까 한다.

타카는 철물점 공구상 등 다양한 상점에서 판매하고 있으며, 가능하다면 수리와 판매를 같이 하는 곳에서 구매하는 것이 A/S를 받거나 수리를 할 때 좋다.

① P-630(실 타카)

P-630 타카(이하: 실 타카)는 지름이 0.64mm에 길이는 10~40mm 중 길이가 30mm까지의 핀을 사용할 수 있는 타카를 말한다.

실 타카는 목공사의 마감 작업에서 주로 사용하고 다양한 마감 자재 및 기성품 필름 마감 판재, 천장 몰딩, 문선 몰딩, 걸레받이, 루바 작업 등에 가장 많이 사용한다.

실 타카핀은 임시 고정용 핀으로 자재에 접착제를 바르고 접착제가 마를 때까지 임시 고정해 주는 타카로 생각해야 하며, 설치할 마감재에 실 타카핀을 많이 사용하면 마감이 지저분하다.

실 타카핀은 두 종류가 있으며 내부 작업용 일반 실 타카핀과 외부 작업에 사용할 수 있는 녹 방지용 SUS 실 타카핀이 있다.

실 타카용 SUS 핀은 시멘트 보드 작업에 사용하면 작업한 면이 매우 깔끔하고 좋다.

② F-30 타카

F-30 타카는 핀이 1.25×1.1mm의 사각형 핀에 길이가 10~50mm 중 길이가 30mm까지만 사용할 수 있는 타카를 말한다.

7mm 이상 15mm 이하의 합판이나 MDF 등의 두께가 있는 판재에 사용해야 하며 가구, 벽체, 천장 등에서 후 작업인 도장이나 필름 등 별도의 마감 작업이 따로 있는 곳에서 주로 사용한다.

③ F-50 타카

F-50 타카는 1.25×1.1mm의 사각형 핀에 길이가 15~50mm 중 핀의 길이가 50mm까지 전부 사용할 수 있는 타카를 말한다.

F-30 타카보다 덩치가 크다. 현장에서 주로 사용하는 핀이 F-30 타카핀이기에 F-50 타카가 꼭 필요한 건 아니다.

하지만 내장 목수의 작업 현장에서 사용할 자재의 두께가 15~25mm라면 필요할 수 있다. F-50 타카는 필요할 때 하나 정도는 구매해도 된다.

④ T-64 타카

T-64 타카는 사각형에 1.4×1.4mm로 길이가 30~64mm의 핀까지 사용할 수 있는 타카를 말한다.

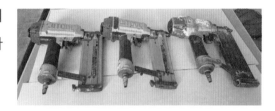

CT-64 타카보다는 가벼워서 천장 작업을 전문으로 하는 내장 목수들이 많이 사용하지만, 내장 목수도 사용하시는 분들이 늘고 있다.

내장 목수의 목공 작업에 꼭 필요한 타카는 아니지만, 무게가 가벼워서 목수의 작업 능률도 오르고 작업자의 피로도를 많이 줄일 수 있다.

T-64 타카에 주로 사용하는 핀은 57mm로 천장 및 벽체의 각재 틀 설치에 주로 사용한다.

⑤ CT-64 타카

CT-64 타카는 1.8×2.2mm의 사각에 길이가 30~64mm까지 사용할 수 있다. 타카 중에서는 현장에서 가장 많이 사용한다.

사용하는 핀은 두 가지로 ST 타카핀(콘크리트용)과 DT 타카핀(목재)으로 구분한다. ST 타카핀은 길이에 따라 18, 25, 32, 38, 45, 50, 57, 64mm로 나뉜다.

ST 타카핀은 시멘트 콘크리트 벽체나 바닥에 또는 각 파이프, 원형 파이프 및 철판 등 강한 소재에 각재나 판재(합판, MDF 등) 등을 통과시켜 고정·설치할 때 사용한다.

DT 타카핀의 종류도 길이로 구분하며 30, 35, 38, 40, 45, 50, 64mm의 핀이 있으며 DT 타카핀은 각재와 합판 등 연질의 목재에 전용으로 사용한다.

⑥ 422 타카

422 타카는 'ㄷ' 자 형태의 타카핀으로, 핀의 머리가 4mm 길이가 6~22mm까지 사용할 수 있다.

작업 현장에서 판재 및 석고 보드를 붙이는 작업에 주로 사용하며 합판은 5mm 이하 석고 보드는 9.5~12.5mm까지 사용할 수 있으며 내부 목공사 작업에서 가장 많이 사용하는 타카 중 하나다.

⑦ 1022 타카

1022 타카는 'ㄷ' 자 형태의 타카핀으로, 핀의 머리가 10mm 길이가 6~22mm까지 사용할 수 있다.

예전에는 석고 보드 작업에 많이 사용하였으나 최근에는 현장에서 구경하기도 힘들다.

패브릭 작업에 간혹 사용하기도 하며, SUS 등의 코너 비트를 설치할 때 간간이 사용하기도 한다.

⑧ 네일 건

목수가 사용하는 네일 건은 못을 박는 타카로 두 종류가 있다.

직선형 플라스틱 연결 못을 사용하는 타카와 둥글게 감겨 있는 코일형 못을 사용하는 타카다.

내장 목수가 데크 작업 현장에서 많이 사용하는 타카는 일자형으로, 코일형보다 가격이 저렴하면서 사용하는 못의 길이도 다양하고 플라스틱 연결 못도 비교적 구하기 쉬운 편이다.

플라스틱 연결 못은 50, 65, 75, 83, 90mm까지 사용할 수 있고 못에 도금 처리가 되어 있어 S.P.F[1) 방부목으로 외부의 데크 작업을 할 때 주로 사용한다.

네일 건이 없다고 데크 작업을 못 하는 건 아니다. 아연 도금 피스나 SUS 피스 및 도금된 못으로도 데크 작업을 할 수 있으나 방부목 데크 작업에서는 작업량의 능률에 많은 차이가 난다.

다만, 네일 건은 연질의 목재만 사용할 수 있어 목조 주택의 S.P.F 구조목, 방부목 틀과 데크재에만 사용할 수 있고 하부 틀이 철골이라면 사용할 수 없다.

일반 방부목 데크 시공에서 피스로 작업하면 많은 시간이 걸리지만 네일 건으로 작업하면 피스로 작업하는 시간보다 최소 2배 이상 데크판 설치 작업을 빨리할 수도 있어 작업 시간을 상당히 많이 줄일 수 있다.

견적으로 일반 방부목 데크 작업을 한다면 인건비가 많이 절감되는 네일 건 한두 자루 정도는 준비하는 것도 좋을 것 같다.

---

1) 가문비나무(Spruce), 소나무(Pine), 전나무(Fir)

5 기타 부속 장비

기타 장비는 여기서 설명하는 것보다 많지만, 설명한 것 외에는 당장 필요한 건 아니라고 본다.

그래서 아래 내용만 간단하게 설명하고 따로 필요한 장비와 도구는 그때그때 준비하면 된다.

1. 작업선

작업 전기선 (이하 작업선)은 3선으로 접지가 있는 것을 구매하는 것이 좋다.

일반적인 내부 목공사 작업 현장에서는 3선이 아니라도 사용하는 데 지장이 없지만, 작업을 하다 보면 안전상의 이유로 접지가 없는 일반 전기선을 사용하지 못하게 규제하는 현장도 있다.

이왕 작업선을 구매할 거라면 접지가 있는 3선을 구매하는 것이 안전에 도움이 되며, 규모가 있는 현장에서도 사용할 수 있어 좋다.

작업선은 5~10m짜리나 30~50m짜리 등 본인이 사용하기 좋고 작업에 불편함이 없는 것으로 구매하면 된다.

2. 작업등

작업 전기등(이하 작업등)은 꼭 필요한 건 아니다.

그러나 상업 시설의 인테리어 내부 목공사 작업 현장이라면 업주의 요구와 상황에 따라 일정이 촉박해져서 야간 작업을 할 수도 있다.

또, 지하 시설 등 어두운 곳에서도 필요한 경우가 종종 있다. 하지만 미리 준비할 필요는 없다.

3. 사다리

사다리는 알루미늄 접이식 2단 사다리를 말한다.

내장 목수는 높은 곳에 올라가 작업을 해야 할 때도 자주 있다. 지금 당장은 아니더라도 사다리 하나 정도는 필요하다.

본인이 가지고 다니는 데 불편하지 않을 정도의 크기로 준비하는 것이 좋을 듯하다.

4. 우마

우마는 알루미늄 만들어진 제품으로 보통은 도배 우마라고도 불린다.

실내 내부 목공사 작업 현장에서는 천장 작업, 몰딩 작업, 간접 등박스 작업 등등 우마를 타고 하는 작업이 아주 많다.

목공반장이라면 두 개 정도는 꼭 필요하다고 할 수 있고 철물점 공구상 등에서 쉽게 구할 수 있으며, 튼튼한 것으로 구매하길 바란다.

참고로 공사 현장에 따라서 도배 우마의 규격(디딤판 넓이)을 통제하는 곳도 있다.

5. 글루 건

글루 건은 접착제인 핫 멜트(글루 건 스틱)를 녹여 자재를 붙이는 장비로 몰딩 및 유리 타일 금속 등에 다른 접착제와 함께 사용하는 도구다.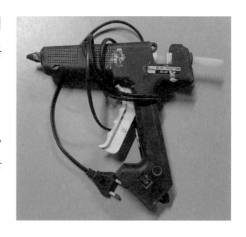

다른 접착제보다 양생 시간이 아주 짧아 실리콘, 에폭시 등으로 작업할 때 바로 다음 작업이 가능하게 해 주는 보조용 접착제라고 할 수도 있다.

공구상에서 쉽게 구할 수 있으며 이왕 준비한다면 좋은 제품으로 구매하길 바란다.

6. 실리콘 건

실리콘은 내장 목수도 접착제로 아주 많이 사용하는 제품으로 실리콘을 사용하기 위해서는 실리콘 건이 필요하다.

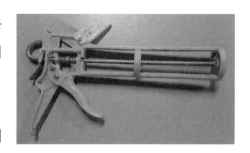

그렇다고 실리콘 건을 반드시 좋은 것으로 구매할 필요는 없다. 실리콘 건은 생각보다 자주 잃어버리기 때문이다.

여기까지가 내장 목수가 자주 사용하는 작업 공구와 도구들이라 할 수 있다.

책 내용에 첨부된 사진은 현재 내장 목수들이 사용하고 있는 공구와 도구 장비들이다. 주로 내가 사용하고 있는 장비들이지만, 부족한 사진은 친분이 있는 목수반장들의 도움으로 구할 수 있었다.

그럼 다음으로 내장 목수가 사용하는 자재들을 알아보자. 난 자재 분야에서는 전문가가 아니라 자재를 사용해 작업하는 내장 목수다. 그렇기에 책 속의 내용 중 자재의 특성 등에 오류가 있을 수도 있다. 그래서 미리 독자의 양해를 구하는 바다.

② 내장 목수 자재

내장 목수가 현장에서 사용해야 하는 자재의 종류는 아주 많다.

그 수많은 자재를 사용 용도에 맞게 가공해서 작업해야 하는 기술자이기 때문에, 자재의 특성 및 시공 방법을 공부하는 데 많은 시간과 노력을 투자해야 할 것이다.

내장 목수는 사용자가 요구하는 다양한 공간을 만들고 그 공간에 사용할 설치물을 만들어 아름답고 실용적인 공간으로 꾸미는 기술자이다.

항상 자재를 공부하고 시공 방법을 연구하여 최상의 설치물을 만들어 내므로, 기술자로서 충분한 자부심을 가져도 된다. 그럼 이제부터 목수가 사용하는 자재들을 알아보자.

1 목재

목재는 국산과 수입품이 있으며 국내산 목재는 대부분 한옥의 구조에 사용하는 소나무 등으로 금강목, 춘양목 등이 있다.

하지만 내장 목수가 일반 건축에서 사용하는 목재는 대부분이 수입 목재다.

목재는 국내산을 빼고 말하자면 어느 지역(나라)에서 수입하는가로 구분하며 북양재(북미재), 남양재, 중남미재, 아프리카재로 불린다.

1. 북양재(북미재)

북양재(북미재)는 미국, 캐나다, 러시아, 뉴질랜드 등에서 자라는 침엽수로 미국에서 수입하면 미송, 캐나다는 캐송, 뉴질랜드는 뉴송, 러시아(소련)는 소송 등으로 불린다.

북양재는 못을 박아도 갈라짐이 적어 건축에서 가장 많이 사용된다.

현장에서 가장 쉽게 볼 수 있는 각재 다루기, 투 바이, 산승각, 오비끼 등이 북양재이며 건축의 일반 작업용 각재로 아주 많이 사용한다.

또, 북양재는 화학적 방부 처리를 해서 방부목 데크재로도 많이 사용하며, 목조 주택의 구조재 및 마감재인 루바, 사이딩, 계단재 등으로도 아주 많이 사용하는 목재라 할 수 있다.

2. 남양재

남양재는 동남아시아에서 생산된 목재를 말하며 인도네시아, 필리핀, 말레이시아, 미얀마, 파푸아뉴기니 등에서 자라는 나무다.

밀도가 매우 높고 강도가 좋아서 주로 고급 가구나 실내외 마감재 등으로 많이 사용한다.

또한, 병충해에도 매우 강해서 따로 방부 처리를 하지 않아도 내구 수명이 10년에서 50까지도 견딜 수 있는 목재도 있다.

남양재는 대부분 내구 수명이 좋아서 천연 방부목 또는 하드목이라 불리며, 친환경 천연 데크재로 많이들 알고 있고 많이 사용하는 목재다.

남양재로는 라왕, 멀바우, 티크, 말라스, 켐파스, 고무나무, 아피통, 제루통, 흑단, 자단, 마닐카라, 니아토 등 많은 목재를 수입 판매하고 있다.

3. 중남미재

중남미재는 중남미에서 생산된 목재를 말하며 브라질, 멕시코, 파라과이, 콜롬비아 등에서 수입하는 목재를 말한다.

그중 이페는 최상품 천연 방부목 데크재로 최고의 가격과 강도를 자랑한다.

이페는 아이언 우드라고도 불리며 방부 처리를 하지 않아도 내구 수명이 50~100년을 간다고도 한다.

그 외 수쿠피라(가구, 침목 등), 퍼플하트(우드슬랩, 도마 등), 발사(모형, 싸핑 보드 등) 등이 있다.

4. 아프리카재

아프리카재는 나이지리아, 가나, 가봉, 콩고, 카메룬 등에서 수입하는 목재로 부빙가(무늬목, 가구 등), 파둑(무늬목, 우드스랩, 소품 등) 마호가니(무늬목, 가구 등), 에보니(도마, 주방 소품 등), 아프젤리아, 파오로사, 오칸 등 많은 나무가 수입되고 있다.

아프리카재는 나무의 결이 독특하고 고급스러워 주로 고급 가구, 소품 및 무늬목 등으로 가공해서 많이 판매하고 있다.

2 각재, 판재 및 용어

각재와 판재는 직육면체로 가공된 나무를 부르는 용어로, 목재의 가공 후 규격에 따라서 각재 또는 판재로 부르며 수입하는 나라 등에 따라서 부르는 명칭과 용어도 다르다.

그럼 각재와 판재 등의 명칭과 규격을 알아보자.

1. 각재

각재란, 목재의 단면에 비가 1:3 미만인 목재를 말하며 주로 목구조용으로 많이 사용한다.

각재는 목재 단면의 비가 1:1일 경우 정각재로 목재 단면에 가로와 세로의 치수가 같을 경우는 정각재로 불린다.

정각재 기성품으로는 라왕 각재 27×27, 미송·소송·뉴송 30×30, 방부목·구조목 38×38, 90×90, 120×120(클로버 120×120), 140×140(클로버 140×140) 등이 있다.

각재는 목재 단면의 비가 1:1~3까지를 각재라고 할 수 있다.

그러나 가로 세로의 비가 직사각형 1:2에 가까울 경우는 별도로 투 바이라고 불린다.

 서울, 경기도 등의 투 바이는 30mm×69mm지만 다른 지방에서는 30×60mm도 투 바이로 판매하는 곳도 있다. 예를 들면 기성품 투 바이 규격이 지방마다 조금씩 다를 수도 있다.

직사각형 각재의 기성품으로는 정각재를 포함해서 라왕 각재는 27×27, 30×40, 27×40 등이 있으며, 미송이나 소송 등의 각재는 30×21, 30×30, 30×60, 30×69, 90×90등이 있다.

방부목 및 구조목은 38×38, 38×89, 90×90, 102×152, 152×152, 120×120(클로버 120×120) 140×140(클로버 140×140) 등이 있다.

2. 판재

원목 판재는 목재 단면의 비가 1:3 이상인 목재를 말하지만, 그 구분은 명확하지 않고 판재는 사용하는 용도와 목적에 따라서도 구분된다.

구조목 2×8인 38×184mm의 판재를 목조 주택의 벽체 틀 구조재로 사용한다면 각재라고 하며, 넓은 면이 보이게 바닥의 마루재로 사용한다면 판재다.

인테리어 현장의 내장 목수들은 주로 각재와 판재를 사용하는 곳과 용도에 따라 많이들 구분하고 있다.

만약 30×69mm의 각재라도 바닥의 마감용으로 깔고 나면 바닥 판재가 되는 것이다.

원목 판재는 주로 실내 외 건축 및 인테리어 공사 등에서 마감용 자재인 데크재, 마루(플로어링), 루바, 사이딩 목계단 판재 등으로 많이 사용한다.

또한, 합판, MDF, 집성판 OSB, PB 등 인공적으로 가공된 판재도 아주 다양한 곳에 사용된다.

> **각재의 용어**
>
> 현장에서는 각재를 부르는 용어는 주로 일본어로 부르지만, 본래의 뜻과 전혀 다를 때도 있다.
>
> 현장에서 목수들이 각재를 부르는 용어는 다루끼, 정제 다루끼, 투 바이, 정제 투 바이, 오비끼, 산승각, 부비끼 등으로 부른다.

3. 다루끼

다루끼는 건축 현장에서 내부 목공사에 가장 많이 사용하는 각재로 북양재(북미재) 중 소나무류를 가공한 각재 약 45×45mm 이하의 규격에 각재를 주로 부르는 말이다.

일본어로 다루끼(たるき)란, 원래 지붕의 서까래를 가리키는 말이나 건축 현장에서는 본래의 뜻과 전혀 다르게 굵기가 가는(약 45×45mm 미만) 각재를 지칭하는 용어로 사용한다.

1980~90년도만 해도 각재를 부르는 명칭인 치수가 주로 일본어로 승니각(36×36mm), 승고각(45×45mm), 잇승에 승고각(30×45mm) 등으로 많이 불렸지만, 지금은 작업 현장에서도 밀리미터 단위로 각재의 규격을 부르고 있다.

현재 다루끼는 가공·생산하는 회사마다 규격이 조금씩은 다를 수도 있다.

다루끼의 규격은 30×21, 30×30, 30×36, 36×36, 36×42, 42×42, 45×45mm 등을 주로 생산하지만, 이중 내장 목수가 가장 많이 사용하는 다루끼는 30×30mm의 각재다.

각재의 규격 중 30×21mm의 다루끼는 별도로 부비끼 또는 반(半)다루끼라고도 불린다.

부비끼란, 1치각(30×30mm)이 안 되는 나무를 부르는 말이다.

1980~90년도만 해도 36×36mm의 각재를 천장 및 벽체 등의 작업용 많이 사용했으나, 치수가 조금씩 줄어 지금은 그 규격이 30×30mm로 변했다.

이는 작업 공구의 발달로 각재에 못을 사용하지 않고 에어 공구인 타카로 작업하면서부터라고 할 수 있다.

못을 박을 때 각재에 전해지는 망치의 충격이 없고, 타카 작업으로는 각재에 전해지는 충격이 거의 없어 다루끼가 잘 부러지지 않고 작업이 가능하기 때문이라고 생각한다.

다루끼는 내부 목공사의 천장 틀 및 벽체 틀 작업에 가장 많이 사용하며 내장 목수가 가장 많이 사용하는 각재라고도 할 수 있다.

목재상에서 판매하는 다루끼는 북양재 (소송, 미송, 뉴송 등) 소나무들이 주를 이루며, 또 건조 다루끼와 반건조 다루끼로 나눠진다.

건조 다루끼는 내부 목공사 작업에서 사용 가능한 모든 곳에 사용해도 되지만 반건조 다루끼는 천장 틀 및 벽체 틀 등에 사용하면 좋을 것이다.

건조와 반건조 다루끼의 가격은 생각보다도 차이가 크게 나기 때문에 잘 선택해서 사용하면 좋다.

4. 투 바이

투 바이는 내부 목공사 등 건축 현장에서 각재를 부르는 용어 중에서 일본식이 아닌 인치법을 사용하는 나라에서 가공된 각재의 규격에 사용하는 용어다.

투 바이 포는 우리나라에서 주로 목조 주택 현장에서 건축의 구조에 사용하는 수입 구조목의 규격인 투 바이 포(2×4) 투 바이 식스(2×6) 등으로 가공된 수입 건조 목의 규격을 부르는 용어로 구조목을 수입하는 나라의 단위 인치법 용어다.

우리나라로 수입된 목조 주택 현장에서 투 바이 포(2×4)는 모든 건축 현장에서 포를 빼고 투바이로 불리고 그 의미 또한 약간 달라진 경우라 할 수도 있다.

투 바이는 규격 또한 각재의 단면 비가 약 1:2 정도인 모든 각재를 부르는 용어로 변경된 경우다.

건축 현장에서 자주 사용하는 일반 투 바이는 30×60, 30×69이고, 정제 투 바이는 42×84, 51×81, 구조목과 방부목 투 바이는 38×89mm 등의 규격을 사용한다. 정확한 1:2 비율이 아니더라도 투 바이로 불린다.

일반 투 바이(30×60, 30×69)는 미송, 소송, 뉴송 등으로 주로 내부 목공사의 칸막이 벽체 틀 및 실내의 마루 하부 구조 틀 및 장선 등으로 많이 사용된다.

정제 투 바이 42×84mm는 주로 철근 콘크리트의 골조 공사에 많이 사용하고, 방부목 투 바이 38×89mm는 외부 데크 작업 등에 그리고 구조목 투 바이 38×89mm는 목조 주택의 내부 칸막이 작업 등에서 많이 사용한다.

구조목 및 방부목의 경우에는 수입하는 나라에서 사용하는 단위를 우리나라에서도 그대로 사용한다.

인치법 치수로 가공되어 수입하기에 투 바이 포(2×4) 또는 투 바이 식스(2×6) 등으로 불리기도 하지만 국내에서는 대부분 미터법 치수인 밀리미터로 불린다.

5. 산승각과 오비끼

산승각과 오비끼는 굵은 각재를 부르는 비슷한 뜻을 가지 용어로 주로 철근 콘크리트 형틀 공사인 골조 공사에서 많이 사용하는 각재다.

산승각에서 산은 일본어로 숫자 3을 말한다. 여기에 우리나라에서 사용하는 단위 자·치·푼에서 3치 즉, 30푼을 말하는 것이다.

지금 인테리어 내장 목수들은 미터법 단위의 줄자를 사용하면서 156mm를 15cm 6mm, 또는 15.6cm로 부르지 않는 것처럼 5치 2푼(고승니부)은 52푼이다.

여기에 십 단위 승과 일 단위 부로 사용해서 말하면 고승니부가 되는 것이다. 그래서 산승각에서 승은 십 단위를 부르는 말이다.

우리나라 단위 자·치·푼에서 1푼은 3.03mm이고 30푼은 90.9mm로 일본어 3과 십 단위 승이 산승이며, 각 앞에 또 다른 치수가 없다면 가로 세로가 같은 치수로 정각재를 뜻한다.

하지만 산승각에서 승은 가감승제[加減乘除]의 승(乘) 즉 ＋ － × ÷ 에서 곱하기를 뜻하기도 하며 자승(自乘)의 의미도 있다고 할 수 있다.

그럼 오비끼는 어떤 치수일까?

오래전에 제재소에 산승각을 주문하면 목재를 자르는 톱날의 위치에 따라 산승각과 오비끼로 나눠진 것이라 할 수 있다.

각재를 기준으로 90mm에 맞추면 산승각이며, 톱날의 두께에 톱밥으로 잘려 버려지는 목재까지 맞춘다면 오비끼인 것이다.

예를 들어, 톱날의 두께가 4mm라면 각재는 86mm 각으로 가공되며 산승각에서 톱날의 두께가 잘려 나간 목재를 오비끼라 한다.

현재는 목재상에서 산승각이라고 판매되는 각재들의 규격도 75×75, 81×81mm 등을 모조리 산승각이고 오비끼라고도 하면서 판매하지만, 지금부터라도 각재를 75mm 각재, 81mm 각재 등으로 불러야 하지 않을까 한다.

3 합판, MDF, 집성판재

현재 모든 건축 현장에서 가장 많이 사용하고 있는 판재들로는 원목을 가공해서 인공적으로 만들어진 판재들이다.

그럼 하나씩 알아보자.

1. 합판

합판은 원목 판재의 여러 가지 단점을 보완해서 만들어진 인공적인 제품으로 원목을 이용해서 얇고 넓게 만든 것이다.

목재를 얇게 켜서 나무의 결이 서로 교차하여 여러 장을 접착하여 만들어진 제품으로 최근에는 아주 다양한 수종의 목재로 만들어지며 새로운 제품도 계속 개발되어 상품화되고 있다.

일반적으로 합판의 규격은 3, 6, 9, 12, 15mm(이찌부, 니부, 산부, 연부, 고부) 등으로 만들어졌으나 최근에는 1.6~30mm의 다양한 두께로 생산 판매하고 있으며 규격의 명칭도 밀리미터 단위로 부르고 있다.

합판은 일반 합판, 미송 합판, 낙엽송 합판, 자작 합판, 코어 합판, 무늬목 합판, 태고합판, 등이 있고 요꼬 합판(별칭: 오징어 합판)도 있다.

또한, 같은 수종의 합판이라도 품질에 따라서 합판 가격에 차이가 난다.

① 일반 합판

일반 합판은 라왕 계열의 목재로 만들어지며, 합판을 만들 때 사용하는 접착수지에 따라서 내수 합판(방수 합판), 준 내수 합판으로 구분한다.

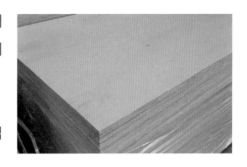

내수 합판은 방수 합판이라고도 하며 성형 접착제로는 페놀수지, 멜라민수지 등을 사용하여 습기에 조금 더 강하게 만들어진 제품이다.

주로 외부 작업에 많이 사용하며 콘크리트 거푸집 작업에 가장 많이 사용한다.

준 내수 합판은 일반적 합판이며, 요소수지를 접착제로 성형한 제품으로 주로 습기가 적은 실내 작업용으로 많이 사용한다.

② 미송 합판

미송 합판은 소나무(파인 우드) 계열의 목재로 만들어지며 처음 미국산 소나무를 많이 사용하여 만들어서 미송 합판으로 불린다.

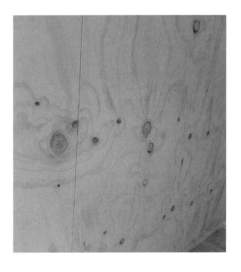

미송 합판은 유절(옹이가 있는) 합판과 무절(옹이가 없는) 합판으로 나누며, 나무의 결에 원목의 느낌이 많이 살아 있어서 친근하게 느껴진다.

색감과 질감이 부드러워 인테리어의 내부 목공사 작업에 사용하기 좋은 판재다. 하지만, 미송 합판은 일반 합판보다 강도가 약하며 다른 합판에 비해 변형이 잘 되기 때문에 현장 작업에 미송 합판을 사용해야 한다면 보관에 매우 신경을 써야 한다.

그렇기에 미송 합판은 되도록 가공 후 바로 설치하는 것이 좋다.

미송 합판은 많은 양을 한 번에 절단할 경우는 잘 정리해서 묶어 두거나 쌓아 둬야 변형이 적게 생긴다.

예를 들어, 미송 합판 두께 5mm를 100×2440mm로 절단하여 따로따로 보관한다면 오징어처럼 변형되어 현장에서 마감 작업에 사용하기 힘들 정도다.

가격은 다른 마감 작업용 합판에 비하면 매우 저렴하여 많이 사용한다.

③ 낙엽송(라치) 합판

낙엽송 합판은 라치 합판으로도 불리며 현장에서 많이 사용하는 합판이다.

강도가 강하며 내구성이 좋은 합판으로 합판의 표면에 나무의 무늬가 뚜렷하고 진하다.

낙엽송은 나이테가 강해서 브러시 가공으로 단단하고 진한 면이 돌출된 유일한 엠보 합판이다.

낙엽송 합판은 무늬가 독특하고 판재의 강도가 좋으며 미송보다는 고급스러운 이미지에 인테리어 작업에 자주 사용한다.

④ 자작 합판

자작 합판은 고급 수종의 합판으로 색감이 밝고 부드러우며 강도는 강한 합판이다.

가격 또한 매우 비싼 합판이지만 설치 후 고객의 만족도가 좋은 고급 합판이라고 할 수 있다.

현장에서는 아주 다양한 곳에 많이 사용하지만 주로 가구, 싱크대, 붙박이장, 아트 월, 카운터, 문짝 등 자작 합판이 노출되는 마감 작업에 주로 사용한다.

⑤ 코어 합판

코어 합판을 간단하게 설명하자면 집성판의 양면에 얇은 합판을 붙인 거와 같다.

모든 합판을 코어 합판이라고 해도 크게 틀린 말은 아니지만, 대명사처럼 합판 사이에 작은 원목 조각들이 집성되어 심재로 들어가 있는 합판을 코어 합판이라고 부른다.

코어 합판은 심재의 수종에 따라 라왕, 알비자 등으로 불리며 그 품질도 가격도 다르다.

코어 합판은 라왕 코어 합판이 가장 좋은 품질로 가격 또한 알비자보다 비싸다.

⑥ 무늬목 합판

무늬목 합판은 일반 합판 또는 MDF 등에 무늬목 (화이트 오크, 레드오크, 월넛 등)을 붙여 나온 제품으로 양면 또는 단면에 무늬목 작업을 해서 판매하는 제품이다.

무늬목 합판은 대부분 주문생산하는 합판을 말한다.

⑦ 태고 합판

태고 합판은 일명 코팅 합판으로도 불린다.

간단하게 설명하자면 태고 합판은 방수 합판의 양면에 코팅 처리를 해서 방수 기능을 추가시킨 합판으로, 주로 콘크리트의 거푸집 작업에 가장 많이 사용한다.

독특한 색상을 지니고 있어서 인테리어 내부 목공사 작업 현장에서도 가끔 사용한다.

2. MDF, OSB, PB

합판이 원목을 켜서 만들었다면 MDF, OSB, PB는 나무를 조각내서 만들었다고 생각하면 될 것 같다.

그럼 MDF, OSB, PB를 하나씩 알아보자.

① MDF

MDF는 나무를 갈아서 접착제와 혼합하여 고온 압축해서 성형한 제품으로 3, 6, 9mm 단위로 만들어지며 규격은 기성품 1220×2440mm를 기준으로 1220×4880까지도 주문할 수 있다.

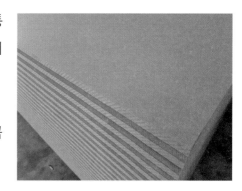

MDF는 저밀도, 중밀도, 고밀도로 구분하며 보통 목재상에서 구매한다면 대부분 중밀도의 제품이다.

하지만 간혹 저밀도를 판매하는 곳도 있으니 꼭 확인하고 구매해야 할 것이다.

천장 및 벽체 등 일반적으로 사용할 때는 중밀도를 사용한다. 하지만 카운터나 가구 및 가구 문짝이라면 최소 중밀도나 그 이상의 MDF를 사용해야 한다.

대체로 목수들은 목재상이 판매한 제품을 확인도 안 하고 가구나 벽, 천장 등 구분 없이 사용하는 경우가 대부분이다.

또한, MDF는 습기에 매우 취약해서 습기가 발생할 수 있는 곳이라면 사용하지 말아야 한다.

내장 목수라면 기본은 지키면서 작업하길 바라며 가구나 문짝 등은 최소 중밀도 또는 그 이상의 고밀도 MDF로 확인하고 사용하길 권한다.

② OSB(Oriented Strand Board)

OSB는 목재를 얇고 크기가 작은(약 100×100mm 이하) 나무 조각들을 겹겹이 쌓아 내수성 수지 접착제를 사용해 고온·고압으로 압축시킨 제품으로 국내에서는 목조 주택에서 가장 많이 사용한다.

OSB는 습기에 강하고 잘 썩지 않으며 변형이 적어서 목조 주택의 구조용 벽체, 천장, 지붕, 마루 등에 많이 사용하며, 생긴 모양이 독특하여 가끔 실내 인테리어 디자인에도 사용한다.

OSB는 규격도 몇 가지 있다고는 하나 목조 주택 공사 현장에서는 우리나라의 합판 규격과 같은 크기의 규격 1220×2440×11.1mm를 가장 많이 사용한다.

③ PB (Particle Board)

PB는 나무를 MDF보다는 크고 OSB보다는 작은 알갱이로 크기가 약 10×10mm보다 작은 크기의 가루로 만들어 압축·성형하여 만든 제품으로 강도는 MDF, OSB보다 많이 약하며 습기에도 매우 취약하다.

표면 또한 매우 거칠어 PVC, 필름 등을 붙여 많이 사용하며 주로 싱크대, 상업용 가구 책상 등에 많이 사용하지만, 목공사 현장에서는 강도가 약해서 작업용 판재로는 거의 사용하지 않는다.

3. 집성판

집성판은 원목의 단점(얇고 큰판)과 합판의 단점(원목 느낌의 상실)을 보완하여 만들어진 제품으로, 접착제의 사용이 적어 매우 친환경적인 판재라고도 할 수 있다.

집성판재는 원목 판재보다는 가격이 저렴하고 넓이도 크게 만들 수 있으며, 원목에 비하면 습기나 온도에 의한 변형될 확률도 매우 낮다.

또한, 원목 조각으로 만들어진 제품이라 원목의 느낌도 남아 있어 최근에는 목계단 및 가구 제작 등에서 아주 많이 사용한다.

집성판으로 이용하는 수종으로는 미송, 스프러스, 레드파인, 자작, 애쉬, 오크, 티크, 라왕, 멀바우, 아카시아, 삼나무, 편백, 라디에타파인, 오동나무, 고무나무, 비취, 제니아 등이 있으며 새로운 제품도 계속 만들어지고 있다.

집성판은 가공되는 수종에 따라 판매되는 판재의 규격이 다르다. 주문 전에 작업에 사용해야 하는 규격을 꼭 확인하고 주문해야 할 것이다.

집성판 규격은 1220×2440, 1200×2400, 910×2440, 910×2100 등이 있다.

집성판은 가공 시 접착 방법에 따라서 판재 표면의 모양과 명칭이 달라진다.

집성판은 솔리드 집성, 사이드 핑거, 탑 핑거 집성이 있으며, 같은 수종의 집성판재라면 집성의 방법에 따라서 가격도 크게 다르다.

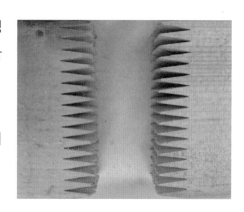

솔리드 집성이 가장 비싸고 사이드 핑거, 탑 핑거 순으로 저렴해진다.

① 솔리드 집성

솔리드 집성은 평면과 측면에 손가락의 깍지 낀 모양이 없다.

솔리드 집성판으로 가구 등을 만들면 쪽마루와 비슷 이미지로 원목에 가까운 자연스러움이 있다.

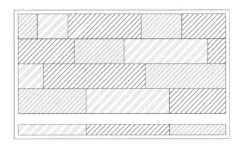

② 사이드 핑거 집성

사이드 핑거 집성은 판재의 좌·우측 단면에 손가락의 깍지낀 모양이 있다.

평면은 솔리드 집성과 같아 솔리드 집성과 비슷한 완성도를 가진다.

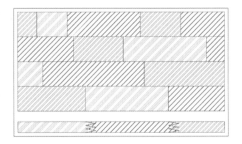

③ 탑 핑거 집성

탑 핑거 집성은 판재의 평면에 손가락으로 깍지 낀 모양의 연결부가 있다.

탑 핑거 집성은 다른 집성판보다는 작업 후에 완성도가 많이 떨어져 보인다.

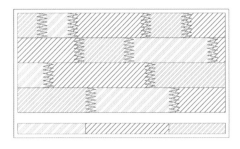

4 석고 보드

석고 보드는 일반 석고 보드, 방수, 방화, 차음, 방균, 방화·방수 석고 보드가 있으며, 이외 특수한 기능을 더한 석고 보드도 있다. 하지만 특별한 경우가 아니라면 자주 사용하지 않는다.

석고 보드의 규격에는 900×1800, 900×2400, 900×2700, 600×1800, 1200×1800 등이 있다.

1. 일반 석고 보드

실내 건축에서 벽체, 칸막이, 천장 등에 가장 많이 사용되는 자재로 도배, 도장, 타일 등 다양한 마감 처리가 가능한 자재다.

규격은 900×1800, 2400, 2700mm 등이 있으며, 두께는 9.5, 12.5, 15mm가 있다.

2. 방수 석고 보드

방수 보드는 석고 보드에 방수 처리를 하여 습기가 많은 곳에 사용이 적합하게 만들었으며, 화장실이나 주방 등 결로나 습기가 많은 곳 등에 사용할 수 있는 석고 보드다.

방수 보드 또한 다양한 마감 자재(도배 및 도장, 타일 등)로 사용할 수 있다.

규격은 900×1800, 2400, 2700mm 등이 있으며, 두께는 9.5, 12.5, 15mm가 있다.

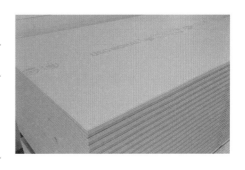

3. 방화 석고 보드

석고 보드에 방화의 기능을 더한 석고 보드로 주로 상업 시설 및 다중 이용 시설의 칸막이 등 내화가 필요한 곳에 방화 벽체로 사용한다.

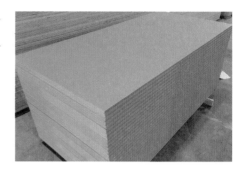

방화 석고 보드는 화재로부터 조금 더 안전하게 공간을 만들 수 있다.

규격은 600, 900×1800, 2400, 2700mm 등이 있으며, 두께는 12.5, 15, 19, 25mm가 있다.

4. 차음 석고 보드

차음 및 방음을 하기 위한 석고 보드로 음악실, 피아노 학원, 녹음실, 방송실 등에 기본 벽체로 사용한다.

차음 석고 보드는 벽체 내부의 차음재와 차음 석고 보드 외부 마감재, 흡음재 등으로 처리할 수 있는 석고 보드다.

규격은 900×1800, 2400, 2700mm 등이 있으며, 두께는 9.5, 12.5mm가 있다.

5. 방균 석고 보드

석고 보드에 방균 처리를 한 석고 보드로 습기가 많은 곳이라면 곰팡이의 생성을 억제해 주는 효과가 있다.

방균 석고 보드도 다양한 마감 자재(도장, 타일 등)로 사용할 수 있다.

규격은 900×1800, 2400, 2700mm 등이 있으며, 두께는 9.5, 12.5, 15mm가 있다.

6. 방화방수 석고 보드

석고 보드에 방화와 방수 기능을 더한 석고 보드로 상업 시설 및 다중 이용시설 등의 주방 벽체 및 칸막이에 특화된 석고 보드다.

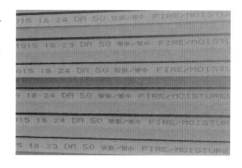

규격은 600, 900×1800, 2400, 2700mm 등이 있으며, 두께는 12.5, 15, 19mm가 있다.

5 데크재

데크재란, 외부에서 만들어지는 모든 마루나 등산로, 계단, 옥상 등에 사용하는 판재를 말한다.

데크재로는 일반 방부목, 탄화목, 천연 방부목, 합성목이 있다.

1. 일반 방부목 데크

일반 방부목은 주로 북양재(북미재)로 방부목은 S.P.F[2] 등을 화학적 방부 처리를 하여 미생물의 서식을 차단함으로써 썩지 않게 한 목재다.

화학적 방부 처리를 한 방부목은 일반 목재보다 그 사용 연한을 3배 이상 늘린 제품이지만, 오일 스테인을 이용해 주기적으로 관리해 준다면 방부목의 사용 연한보다 3~5배 이상 더 늘릴 수도 있다.

2. 탄화목 데크

탄화목이란, 목재 속에 있는 미생물의 양분을 고열로 태워 미생물이 서식할 수 없는 환경으로 만든 제품이다.

탄화목은 화학적 방부 처리를 한 일반 방부목과는 차원이 다른 매우 친환경적인 목재라 할 수 있다.

---

2) 가문비나무(Spruce), 소나무(Pine), 전나무(Fir)

탄화목은 원목의 단점인 부식 및 수축·팽창, 수분과 온도에 의한 변형 및 갈라짐 등이 거의 없다고 한다.

그러나 아직 현장에서 검증은 부족한 목재라 할 수 있다. 또한, 오일 스테인으로 원하는 색상(컬러)으로도 칠할 수 있다.

주로 생산 판매하는 탄화목으로는 애쉬(물푸레나무), 오크(참나무), 낙엽송(Larch), 레드파인, 가문비나무(Spruce) 등이 있다.

3. 천연 방부목 데크

천연 방부목이란, 인공적인 가공이나 화학적 방부제를 전혀 사용하지 않은 제품을 말한다. 목재의 비중이 매우 높고 아주 단단해서 화학적 방부 처리를 안 해도 습기와 충해(미생물)로부터 안전하다고 하는 목재들을 말한다.

천연 방부목으로는 방킬라이, 멀바우, 이페, 울린, 꾸메아, 캠파스, 큐링, 모말라(말라스) 마사란두바, 니아토, 부켈라, 빨라피바투, 쿠마루, 구찌, 바스라로커스, 진자우드, 카폴, 자토바, 크루인, 시다 등이 있다.

이중 천연 방부목 일부를 정리해 보겠다.

① 방킬라이
방킬라이는 국내에서 천연 방부목 데크재로 가장 많이 사용하는 나무로 설치 후 고객 만족도가 아주 좋은 나무라고 할 수 있다.

부식에 강하고 단단한 나무지만 다른 나무에 비하면 가격이 조금 더 비싸고 태양에 의한 변색이 빠르다. 그렇기에 작업 후 곧바로 오일 스테인으로 코팅해서 갈라짐과 변색으로부터 보호해 줘야 할 것 같다.

방킬라이의 가공 작업은 비교적 쉬운 편이나 갈라짐이 심해 못이나 타카핀은 사용하지 말아야 하며 드릴로 구멍을 뚫고 도금 피스나 스테인리스 피스로 작업해야 한다.

또한, 방킬라이 데크재는 한 장당 2~4mm 정도 간격을 두고 설치해야 한다.

② 멀바우

멀바우는 하드 우드 중에서도 외부 데크 공사에 많이 사용되는 자재 중에 하나로, 내구성이 좋고 부식에 강하며 변형도 적은 나무다.

진한 갈색이 고급스러워 천연 방부목 데크로도 좋지만, 실내 마감 자재로도 많이 사용한다.

멀바우는 가공 작업이 비교적 쉬운 편이고 다른 천연 방부목보다는 갈라짐도 적어서 얇은 타카핀(F-30)을 사용할 수도 있으며 대패를 사용하는 데도 무리가 없다.

다만, 데크재로 사용하려면 드릴로 먼저 구멍을 뚫고 도금 피스나 스테인리스 피스로 작업을 해야 하며, 데크재는 한 장당 2~4mm 정도 간격을 두고 설치해야 한다.

멀바우는 외부 데크재로 가성비가 좋은 나무지만 비가 오면 고유의 색소가 녹아 붉은색 물이 나올 수도 있으므로 외부에 설치해야 한다면 충분한 검토를 거친 뒤에 결정하는 것이 좋다.

외부 벽체나 설치 구조물 등을 멀바우로 작업하면 건축물의 다른 자재를 오염시킬 수도 있다.

③ 이페

이페는 강도가 아주 강한 나무로, 아이언 우드라고도 한다.

나무의 비중이 1.0이 넘는 경우가 많아 물에 뜨지 않으며 수분에 강하고 매우 단단해서 데크 재로 좋은 매우 고가의 나무다.

또한, 이페 데크재는 따로 방부 처리를 하지 않아도 50~100 년 사용할 수 있는 최고의 천연 데크재라고 할 수도 있다.

이페는 세월이 지나면서 표면이 회색으로 변하기 때문에 취 향에 따라서 이페만의 독특한 변색 컬러가 싫다면 원하는 색 상의 오일 스테인으로 코팅해서 사용하면 더 좋다.

이페 데크재는 너무 단단해서 피스나 못으로 바로 작업하기 는 어렵고, 드릴로 먼저 구멍을 뚫어서 도금이나 SUS로 된 피스 혹은 못으로 작업해야 한다.

이페 데크재를 피스로 설치할 때는 피스의 두께보다 타공 구멍이 조금 더 커야만 시공할 수 있다.

이페는 클립용 합성목 데크처럼 가공 후에 클립 시공도 가능하다.

클립 시공은 설치 후 피스가 보이지 않아 보기에는 매우 좋으나, 방수와 관련된 보수 작업이 필요 한 곳에 설치할 때 하자 보수 공사가 매우 어렵다고 차후에 많은 보수 공사비가 발생할 수도 있다.

④ 울린

울린은 습기에 아주 강한 나무다.

특히 해수에 강하며 해수에서 1세기 즉, 100년을 버틸 수 있는 나무로도 알려져 있다.

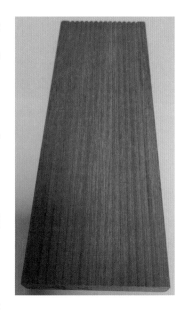

울린 데크재는 표면에 금빛의 점들이 보이며 습기가 많은 곳에 데크재로 사용하기 좋지만, 데크 작업 후에는 흑색으로 변하기도 한다.

변색을 조금이라도 늦추려면 오일 스테인으로 코팅을 해 주는 것이 좋다.

울린은 수분을 빨리 흡수하지만, 건조는 느리고 건조할 때 수축이 심하여 데크 작업에 이를 감안하고 시공해야 한다.

가공 작업은 비교적 쉬운 편이고, 데크 작업을 할 때 사이를 4~6mm 정도 띄고 시공하길 권한다.

다른 하드목과 마찬가지로 피스 작업을 할 때 드릴로 먼저 타공한 후 시공해야 하는데, 타공하기 전에 피스의 지름보다 큰 구멍을 뚫어서 변형에 대비해야 한다.

예를 들면 피스 규격이 4mm, 머리가 9mm일 경우 피스의 머리보다 조금 작은 드릴 날 7mm로 구멍을 뚫고 데크를 설치한다면 피스 구멍의 여유 공간 덕분에 자재의 수축 및 팽창에 조금 더 견딜 수 있으며 하자도 줄일 수 있기 때문이다.

또한, 울린은 접착성이 매우 안 좋아 접착제만으로 시공하면 접착제가 목재와 떨어지는 경우가 많이 발생할 수도 있다.

⑤ 꾸메아

꾸메아는 결이 곱고 미끈하며 붉은 색상이 인상적이고 매우 단단한 나무다.

또한, 나무의 비중도 높고 내구성도 좋으며 수축과 팽창이 적어서 수상 가옥의 건축 자재로도 사용하는 나무다.

꾸메아는 습기에 강해 최근 시공하는 곳이 조금씩 늘고 있다고 한다.

하지만, 꾸메아도 비가 오면 붉은색 색소가 나올 수 있으니 설치 장소가 적합한지 확인해야 할 것이다.

⑥ 캠파스

천연 데크재 중에서 가장 붉은색을 띠며 비중도 높고 변형도 적은 것이 특징이며, 갈라짐도 적은 천연 방부목이다.

최근에는 멀바우의 대용품으로 사용하는 곳이 조금씩 늘고 있다고 한다.

단점으로는 항균성은 있으나 해충에 약하며, 하지가 금속일 경우 금속 성분 때문에 철변 현상이 일어나서 검은 점들이 생길 수도 있다.

가공이 조금 어렵고 무겁지만 큰 불편함은 없다.

캠파스는 오일 스테인으로 코팅해서 해충으로부터 보호해 줘야 할 것 같다.

⑦ 큐링

큐링은 충격에 강한 나무로 나무의 색감(컬러)이 비슷해 시공 후 데크의 전체적인 색상이 깔끔하게 보이는 것이 장점이다.

하지만, 내부에 많은 천연 진(송진과 비슷한)을 함유하고 있어 시공 후 끈적임이 생길 수도 있고, 표면으로 나온 진이 말라서 하얀색으로 지저분하게 보일 수도 있다.

이는 큐링의 특징으로 하자는 아니지만, 시공 전 현장 관리자나 건축주에게 간단한 설명이라도 해 줘야 나중에 오해를 사지 않을 수 있다.

큐링은 특유의 독특함도 있으며 다른 천연 방부목보다 가격은 조금 저렴하다고 한다.

⑧ 마사란두바

마사란두바는 데크재나 플로어링에 주로 쓰이는 나무로, 처음에는 밝은 밤색에서 차차 진한 갈색으로 변한다고 한다.

나뭇결은 촘촘하며 매끄럽고 깔끔하며 나무의 절단 단면에 수공(물구멍)이 안 보일 정도로 밀도가 높고 단단하고 무거운 나무라고 한다.

아직 시공해 보지는 않았다.

⑨ 니아토

나아토는 나무 한 그루에 다양한 색을 가진 나무로 하얀색부터 진한 갈색까지 다양한 색을 가지고 있는 나무로 한동안 사쿠라로 불리며 가구, 악기 등에 많이 사용하였고 무늬목으로도 가공하여 판매하였다.

천연 방부목 데크재로 보기에는 내구성, 강도, 충해 모두에 약하다.

지금은 합판을 만드는 데 많이 사용하는 목재이며 라왕과 비슷한 나뭇결을 가지고 있어 라왕으로 혼동하기도 한다.

데크로 설치하면 오일 스테인으로 주기적으로 관리를 해야만 할 것이다.

⑩ 부켈라

부켈라는 천연 방부목에 가깝다고 할 수 있지만, 천연 방부목으로 보기에 부켈라는 모든 면에서 조금 약하다고 봐야 할듯하다.

니아토와 비슷한 목질을 가지고 있지만 니아토보다는 조금 더 무겁고 단단하다.

니아토와는 수관의 모양이 달라 금방 구분할 수 있다고 한다.

데크로 설치하면 오일 스테인으로 주기적인 관리를 해야만 할 것 같다.

⑪ 쿠마루

쿠마루는 브라질리언 티크라고도 불린다.

내구성 좋은 나무로 비중도 높고 다양한 갈색이 특징이며, 시간이 지날수록 비슷한 색상으로 변한다고 한다.

충해에도 강해 별도의 관리를 안 해도 10~30년은 사용할 수 있는 천연 방부목이라 할 수 있다.

이페보다는 저렴하지만, 상당히 고가인 나무로 알고 있다.

⑫ 모말라(말라스)

모말라는 데크재로 많이 사용한다. 빗물에 젖은 후 햇빛에 빠르게 건조되어 잔 갈라짐이 많은 나무라고 한다.

모말라는 단단한 나무지만 가공은 쉬운 나무로, 설치 후에 오일 스테인으로 코팅해서 습기로부터 자재를 보호하여 잔 갈라짐을 최대한 줄여야 할 것이다.

또한, 오일 스테인을 이용하여 주기적인 관리도 해 줘야 한다.

4. 합성목 데크

합성목이란, 목재의 단점인 충해, 변색, 사후 관리 등을 보완하여 개발된 자재로 목재 가루와 합성수지를 섞어서 만든다.

합성 목재는 설치 후 따로 관리할 필요는 없어 최근에 사용량이 많이 늘고 있다. 하지만 온도에 의한 변형(늘고 줄어듦)은 목재보다 심한 것 같다.

대부분 합성 목재는 변형이 없고 영구적이라 하지만, 아직은 생산하는 회사별로 품질에 대한 검증이 부족한 것 같다.

합성 목재가 설치된 곳에 가 보면 간혹 길이 방향의 틈새가 많이 벌어진 곳과 부서져 가루가 된 곳도 볼 수 있다.

합성 목재는 생산하는 회사별로 색상이 다양하지만, 합성목 데크재는 설치 후에 도색 등으로 색상을 변경하기는 어려워서, 합성 목재를 설치하기 전에 품질(사용 연한)과 색상 선택에 매우 신중해야 할 것이다.

합성 데크재의 시공 방법에는 피스와 클립형 시공 방법이 있다.

피스로 시공하는 방법은 누구나 알지만, 클립형 시공 방법에 대한 장단점은 아직 모르는 분들도 많은 것 같다.

클립형 시공의 장점은 데크재 상부에 피스가 보이지 않아서 매우 깔끔하고 작업 시간이 피스 시공보다 빨라서 인건비가 덜 들어간다.

단점으로는 데크재 중간에 판재가 손상된 경우는 그 하나만 교환 복구가 안 되고 처음 시공할 당시 마지막으로 작업한 곳에서부터 손상된 곳까지 데크판을 해체하고 다시 설치해야 한다.

또한, 방수 작업을 한 곳(옥상 등) 위에 클립형 데크재를 시공하면 부분 방수 보수 공사를 위해서 설치한 데크를 모두 철거한 후에 부분 방수 공사를 하고 다시 데크를 설치할 수도 있다.

합성목 데크재는 시간이 지날수록 클립 강도에 변형으로 데크 판재의 유동(흔들림)도 생길 수 있다.

최근 클립형 시공 방법을 보완한 제품이 개발된 것으로 알고는 있지만 아직 경험(사용)해 보진 못했다.

6 플로어링(후로링)

플로어링이란, 원목 및 집성목 등으로 가공해 실내에 설치하는 마루재를 통합해 부르는 명칭이다.

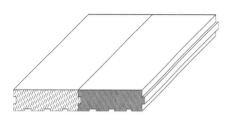

온돌마루, 강마루, 강화마루도 플로어링이라고 할 수 있지만, 대부분 내장 목수의 작업이 아니기에 제외하고 목수가 작업하는 원목 또는 집성 목재로 만들어진 플로어링만 알아보자.

원목 및 집성목 플로어링의 수종으로는 메이플(단풍나무), 오크(참나무), 멀바우, 카폴, 자작(버찌), 티크, 라왕, 고무나무, 마호가니, 버찌, 리버우드, 쏘노클린, 아카시아, 유칼립투스, 캠파스, 큐링 등으로 강도가 좋은 목재를 주로 가공한다.

원목 및 집성목 플로어링의 가공은 나무의 수종마다 가지고 있는 고유의 강도나 내구성 등 목질이 달라 제품으로 만드는 플로어링의 규격(두께 폭 길이)을 조금씩 달리하기도 한다.

플로어링은 대부분 기성품으로 판매하고 있으며 수종과 규격을 선택하고 시공하면 된다.

1. 메이플(단풍나무)

메이플 플로어링은 가장 많이 알려졌으며 무늬가 부드러우며 색상이 밝고 깔끔하다.

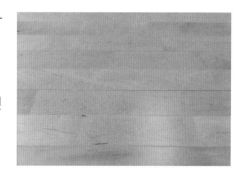

또, 조직은 치밀하고 단단하며 내구성이 좋고 변형이 적은 아주 좋은 나무다.

시공 후에 외력에 의한 충격에도 저항력이 매우 좋은 고급 수종으로 농구장 등 각종 체육 시설 및 무도장 등에 가장 많이 사용한다.

2. 오크(참나무)

참나무인 오크는 산에 가면 자주 볼 수 있는 도토리나무들로 너무 잘 알려진 고급 수종이다.

오크는 계단 판재, 문틀, 문짝, 가구, 각종 소품(아이들이 가지고 노는 참나무 팽이) 등으로 다양하고 많은 제품으로 사용하는 고급 목재라 할 수 있다.

오크는 무늬가 뚜렷하며 내구성과 마모성이 좋은 나무로, 플로어링 마루 작업 후에도 변형도 거의 없다.

단점으로는 철분에 의해 푸르게 변색할 수도 있어 작업 중에 주의가 필요하다.

3. 멀바우

멀바우는 진한 적갈색의 나무로 설치 후에 색상이 묵직하고 중후한 느낌이 특징이다.

천연 방부목 데크재로 많이 알려진 나무지만 고급 가구 및 목계단 등 실생활 속 다양한 곳에 많이 사용하는 나무다.

멀바우는 단단한 나무지만 가공 작업에 큰 불편함이 없고 내구성이 좋으며, 다른 나무에 비하면 수분에 의한 변형도 적다는 장점이 있다.

하지만, 단점으로는 수분에 의한 나무의 색 빠짐이 심해서 설치할 곳의 사용 환경을 고려하여 시공해야 한다.

하지만 플로어링으로 사용한다면 아주 좋은 나무다.

4. 카폴

카폴은 이시우과에 속한 수종을 총칭하며, 나라마다 부르는 이름도 다르다고 한다.

그래서인지 카폴 플로어링은 목재마다 가진 고유의 재질과 색감에 차이가 있다.

연한 황색부터 아주 진한 밤색까지 여러 가지 색을 가지고 있으며, 단단하고 무거운 나무로 라왕보다는 강하고 내구력도 매우 좋다.

주로 바닥재 데크나 플로어링으로 많이 판매하고 있다.

5. 자작(Birch)

자작나무는 고급 합판으로 더 많이 알려진 나무로 무늬가 밝고 연한 황백색으로 부드럽고 깔끔하다.

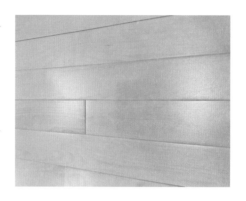

자작 플로어링은 연한 황백색부터 밝은 적분홍색으로 다른 하드목에 비하면 조금 가벼우면서도 단단하다.

메이플과 비슷한 무늬와 내구성을 가지면서도 가격은 더 저렴하다.

6. 티크(Teak)

티크는 매우 고급 수종으로 도마부터 보트까지 거의 모든 곳에 사용할 수 있는 나무다.

단단하면서도 내구성이 좋으며 수축과 팽창도 적은 최고의 목재라고 할 수 있다.

가공도 비교적 쉬운 편이며 가공 후 갈라지거나 틀어지는 경우가 적고 충해에 강하며 금속에 의한 부식도 없다.

티크는 아주 고급 내장재로 상당한 가격을 요구하지만, 돈값을 한다고 할 만큼 고급스러운 색상과 나무의 결로 분위기를 연출한다.

7. 라왕

라왕은 소나무류 다음으로 현장에서 많이 사용하는 나무로, 가공이 쉽고 특히 목공용 본드에 접착성이 매우 좋으며 단단하고 치수 안정성도 뛰어난 나무다.

작업 현장에서 도장(칠) 작업을 할 때 도장성도 매우 좋아 문틀 및 문짝, 마루, 귀틀 등을 만드는 데 가장 많아 사용하는 나무다.

라왕은 가격도 다른 하드목에 비해 저렴하고, 다양한 제품으로 만들어서 판매되고 있으며, 내부 목공사 현장에서 지금도 많이 사용하고 있다.

8. 고무나무(Latex)

고무나무는 말 그대로 고무(라텍스)를 채취하는 나무로 색감은 밝고 느낌은 차가운 나무다.

매우 무겁고 단단하며 변형이 적고 강도가 좋은 나무지만, 다른 하드목보다는 가공이 쉽고 저렴하며 옹이가 없는 것이 특징이다.

또한, 일부 세균에 대한 항균력도 있어 다양한 주방용품(주걱, 쟁반 등)과 가구, 계단의 판재 등으로도 많이 사용하는 나무다.

9. 마호가니(Mahogani)

마호가니는 내구성과 내수성이 좋고 조직이 치밀하고 붉은 갈색이 아름다워 고급 앤티크 가구 및 악기를 만드는 목재로도 많이 사용한다.

또한, 가벼우면서도 단단한 나무로 선박 건조 시에 무게를 줄일 수 있어 고급 요트 및 실생활용품 (도마, 가구, 식탁 등) 등에 아주 많이 사용한다.

10. 쏘노클린

쏘노클린은 장미목 또는 자단으로도 불리며 아주 고급 수종으로 가격 또한 비싸다.

 자주색 톤에 검은색과 붉은색의 조화가 인상적인 나무로 일반 하드목보다는 강도도 좋고 습기에도 강하며 중후하고 고급스러운 이미지로 인기가 있다.

하지만, 쏘노클린 집성재는 나무의 변제와 심재의 색상 차이가 뚜렷해서 보는 사람에 따라 호불호가 갈리는 나무 중 하나다.

11. 아카시아

현장에서 사용하는 아카시아 집성목은 100% 수입 목재로 우리나라에서 자생하는 목재와는 강도와 가공성이 완전히 다른 나무다.

우리나라에서 자생하는 아카시아는 아까시나무로 가공 작업이 불가능할 정도로 나이테가 단단하다.

일반 못과 타카핀은 사용할 수도 없고 드릴로 구멍을 뚫기도 매우 어렵다.

하지만, 목재상에서 판매하는 아카시아는 우리나라에서 자생하지 않는 수입 목재다.

아카시아 집성목은 현장 가공에 전혀 불편함이 없으며, 옹이가 있는 집성판으로 변제와 심재의 색상 차이가 뚜렷해 호불호가 갈리는 나무 중 하나다.

12. 유칼립투스

유칼립투스는 재질이 단단하고 무거운 나무로 내구성이 좋아 다양한 곳에 사용하는 자재다.

밝은 연붉은색과 광택이 특징이라고 한다.

7 루바

루바는 실내의 천장 및 벽체와 실외 처마 밑 천장(노끼덴조) 등을 마감하는 자재로 목재, 금속, PVC 등이 있다.

원목 루바로는 편백(히노끼), 미송(레드파인, 라디에 타파인), 삼목, 스프러스, 향목 등이 있으며 집성판 재 및 마감 합판 등으로 원하는 규격으로 주문 가 공도 할 수도 있다.

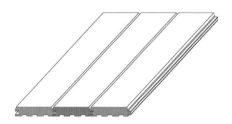

루바는 가공하는 모든 원목 중에서 루바로 가공하 는 동일한 수종이라도 유절(옹이가 있는) 루바와 무절(옹이가 없는) 루바로 나눈다.

이는 원목을 루바로 가공하는 제재 방법의 차이로 원목 하나에서 유절 루바를 가공·생산하 는 수량과 무절 루바를 생산할 수 있는 수량의 차이가 크게 난다.

그래서 옹이가 없는 무절 루바가 유절 루바보다 가격이 약 2~4배 정도 비싸다.

1. 편백(히노끼) 루바

편백은 건강에 좋다고 알려지면서 많은 사람이 좋아하는 나무다.

편백은 자신을 해충으로부터 보호하기 위해서 만들어 내는 유기 화합물인 피톤치드 (Phytoncide)를 통해 각종 세균이 서식할 수 없는 환경을 만든다.

아토피 치료에도 효과가 있는 피톤치드(Phytoncide)를 가지고 있는 매우 친환경적인 나무로 알려지면서 많이 사용하는 추세다.

편백 유절 루바　　　　　　　　　　　　　　**편백 무절 루바**

편백은 도마 침대 욕조 등 각종 생활용품 등으로 만들어지며 건축의 내부 마감재로도 많이 사용한다.

편백 루바는 화장실(욕실) 천장 및 방 내부 벽체 및 천장 등에 많이 사용하며, 실내에 설치해도 변색하지 않는 편이다.

하지만 외부에서는 검회색으로 변하기도 한다.

편백 루바는 설치 후에 따로 마감(도장, 칠) 작업을 안 하고 사용하는 것이 일반적이다.

2. 미송 루바

미송 루바는 소나무류의 루바로 레드파인, 라디에 타파인 등을 가공한 제품을 지칭한다.

옹이가 많고 밝은 색감에 가격이 저렴해서 가장 많이 사용하는 제품이다.

미송 루바는 옹이 루바라고도 불리며 유절만 판매한다고 보면 된다.

3. 홍송 루바

홍송은 붉은색을 띠는 소나무로 미송 루바와 같은 레드파인 더글라스 등으로 만들어진다.

옹이가 없이 가공한 붉은색 레드파인으로 주로 문틀재로 많이 사용되며 이를 가공한 루바를 홍송 루바라고도 부른다.

홍송 루바는 옹이가 없는 미송 무절 루바를 부르는 명칭으로도 사용된다.

4. 삼목 루바

삼나무는 적삼목(스기) 등으로 불리며 습기에 강한 나무로 내구성도 좋아 사우나재로 많이 알려져 있다.

적삼목은 외부 사이딩재로도 가공되어 내장 및 외장재로 사용할 수 있다.

습기에 매우 강한 목재로 피톤치드(Phytoncide)도 있어 별도의 약품 처리를 하지 않아도 되는 나무다.

매우 가벼우면서도 부드럽고 변형도 적은 나무로 시공 후 하자가 발생하는 일이 거의 없다고 할 수 있다.

5. 스프러스(가문비나무) 루바

스프러스는 가벼우면서도 강도가 좋은 나무다.
스프러스는 옹이가 작고 나뭇결이 뚜렷하고 색감
은 밝은 나무로 습기에 강하며 수축률이 낮아 내·
외장재로 많이 사용한다.

또한, 나무의 변색은 적으나 변형되기 쉬워서 시
공이 까다로울 수도 있다.

6. 향목(향나무) 루바

향이 나는 나무로 불리는 향목은 매우 연하며 정
말 가볍고 가공이 매우 쉽다.

 게다가 습기에 강하고 피톤치드(Phytoncide)까지
가져서 더할 나위 없이 좋은 목재다.

향목은 워낙 부드러워서 건축에서는 루바용으로
만 가공한다고 해도 틀린 말이 아닐 거 같다.

위에서 설명한 여섯 가지가 루바의 대표 목재들이며 다양한 목재와 판재(합판) 등도 루바로
주문생산할 수 있다.

8 사이딩

건축에서 사이딩(Siding)이란 건물의 외벽을 치장하는 각종 판재를 말한다.

사이딩은 다양한 소재로 만들어지며, 건물의 외벽에 사용하는 제품이기에 그에 적합한 목재와 금속, PVC, 시멘트, 세라믹 등 다양한 소재들이 사용된다.

그중 우드(목재) 사이딩 작업은 외부 작업이지만, 목수의 작업이기에 내장 목수가 작업하기도 한다.

우드 사이딩 종류는 생긴 모양에 따라 부르는 이름도 다양하지만 최근 현장에서 많이 사용하는 우드 사이딩은 찬넬 사이딩(평판), 베벨 사이딩(사선판), 로그 사이딩(둥근 반달형)이 있다.

목재는 방부목(S.P.F)과 적삼목이 있고 탄화목과 남양재, 중남미재 등도 수직 사이딩으로 사용하기도 한다.

사이딩 중에 모든 방부목 사이딩은 사이딩 작업 후에 건축물에 어울리는 오일 스테인 작업을 해야 보기에도 좋으며, 내구 수명도 연장할 수 있다.

1. 찬넬 사이딩(평판)

찬넬 사이딩은 평판의 목재에 상하부 턱을 가공해서 겹쳐 쌓을 수 있게 만들어진 제품이다.

시공 후에 설치 면이 평면으로 깔끔하며 빗물이 사이딩 속으로 들어가지 않고 자연스럽게 흘러내릴 수 있게 턱을 주고 만들어진 제품이다.

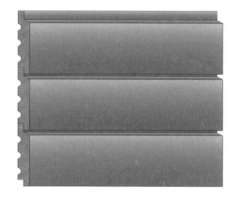

주로 방부목(S.P.F)과 적삼목, 탄화목 등으로 가공되며 주로 기성품으로 판매되고 있다. 주문 생산도 가능하다.

2. 베벨 사이딩(Bevel, 사선판)

베벨(Bevel) 사이딩은 판재의 단면 양쪽의 두께가 다른 사선의 사이딩으로 두께가 얇은 쪽을 위로 두꺼운 쪽을 아래로 해서 30~40mm를 겹치게 설치하는 사이딩을 말한다.

주로 삼나무(스기)로 만들어진다.

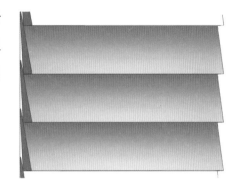

3. 로그 사이딩(둥근)

로그 사이딩은 목조 주택에서 주로 사용하는 자재로 건물을 마치 통나무로 지은 듯한 이미지 때문에 많이 사용하는 자재다.

주로 적삼목과 방부목(S.P.F)으로 만들어진다.

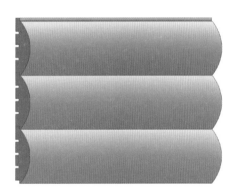

9 계단재(집성판)

목계단 판재는 미송(파인), 오크(참나무), 애쉬(물푸레나무), 고무나무, 부빙가, 레드파인, 스프러스, 편백, 라왕, 멀바우, 엘더, 티크 등이 있으며, 최근 판매되는 계단 판재는 대부분 집성목 판재다.

계단재 집성판은 솔리드 집성, 사이드 핑거, 탑 핑거 집성재가 있으며, 목계단을 설치한다면 솔리드 집성재를 사용해야 완성도가 좋다.

건축주나 현장의 책임자가 원목(솔리드)으로 시공을 요구한다면 기성품을 확인해야 하고, 없다면 주문생산해야 한다.

하지만 계단 판재를 주문생산할 경우는 원목의 건조 상태를 정확하게 확인할 수 없어 시공 후에 변형 등의 하자가 발생할 가능성이 있어 최근에는 권하진 않고 있다.

1. 미송(Pine)

목계단 시공에 가장 많이 사용하는 계단 판재로 목재의 색상이 밝고 편하게 느껴지며 가공이 쉽고 가벼우며 목계단재로 전혀 손색 없고 가장 저렴하다.

미송(라디에타파인)으로 집성 가공한 제품으로 양면 유절, 단면 무절, 양면 무절이 판매되고 있다.

미송은 연질의 목재라 할 수 있다. 목계단 시공 시 표면 오염 및 찍힘에 특히 주의해야 하고 계단 설치 후 바로 합판 보양 작업을 해야 한다.

2. 오크(참나무)

오크는 무늬가 뚜렷하며 내구성과 마모성도 좋은 나무로 오크 계단은 아주 고급에 속하는 목계단재다.

단점으로는 오크 목계단을 시공할 때 쇳가루로 인한 철변 현상으로 푸른색 멍이 들 수 있어 설치 장소 근처에서는 금속 작업을 하면 안 된다.

시공 직전에 금속 작업을 했다면 청소를 깔끔하게 하고 목계단 작업을 해야 하며, 만약 푸른색 멍이 든다면 화공 약품 수산을 사용해서 푸른색 철분을 닦아야 한다.

3. 애쉬(물푸레나무)

애쉬는 오크와 일반 전문가도 구별하기 어려울 정도로 판재의 외형이 비슷하지만, 그 성질은 차이가 많은 나무다.

수분에는 강한 나무지만 수분과 건조에 의한 변형이 심한 단점이 있다. 애쉬는 넓은 면적에 큰 조각의 사용은 하지 말아야 한다.

4. 고무나무

고무나무는 매우 무겁고 단단한 나무로 느낌은 차갑지만, 색감이 밝고 변형이 적다.

목계단 판재로는 강도도 매우 좋고 가공하기도 쉽지만, 무거운 것이 단점이다.

수분에 매우 강해서 주방용품으로도 많이 사용하는 나무다.

5. 부빙가(Bubinga)

부빙가는 아프리카재로 우리나라 건축 및 인테리어 현장에서는 무늬목으로 더 많이 알려졌다.

부빙가는 계단 판재 중에서도 최고급이라 할 수 있다. 주로 고급 소품, 가구 등을 만들며 최근에는 우드 슬랩으로 인기가 있다.

부빙가는 재질이 매우 단단해서 가공이 어렵지만, 건조 후에는 갈라짐도 없고 충해도 없는 붉은 갈색의 나무다.

너무 비싸서 주문생산만 가능하며 매우 고가라 일반 건축에서는 사용하기 어렵다.

6. 레드파인

레드파인은 우리나라에서 적송으로 불리는 소나무과 나무로 나무의 결에 붉은색이 감도는 소나무다.

대부분 수입으로 들여오며 미송보다는 단단하고 변형이 적어서 약간 비싼 나무다.

레드파인은 옹이가 있는 유절 집성판재와 옹이가 없는 무절 집성판재가 있다.

7. 스프러스(가문비나무)

스프러스는 자주 접할 수 있는 나무로 구조목에 많이 사용하는 나무 중에 하나다.

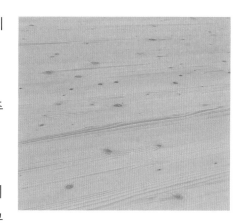

가벼우면서도 강도가 좋고 가공성이 좋아 목조 주택의 구조목으로도 많이 사용한다.

레드파인보다 강도는 약하지만, 색감이 밝고 옹이가 작고 깔끔해 계단 판재뿐만 아니라 다양한 곳에서도 아주 많이 사용하고 있다.

8. 편백(히노끼)

편백은 많은 사람이 좋아하는 나무로, 피톤치드 (Phytoncide)의 항균 작용이 사람에게 아주 유익한 것으로 알려져 있다.

편백은 보통 도장 작업을 하지 않고 사용한다.

하지만 목계단은 사람이 밟고 다녀야 하는 곳이라서 도장(칠)을 안 한다면 계단 판의 오염으로 곤란할 수 있다.

편백 집성은 옹이가 있는 유절 집성판재와 옹이가 없는 무절 집성판재가 있다.

9. 라왕

라왕은 미송 다음으로 현장에서 많이 사용하는 목재로 문틀이나 문짝 등 많은 곳에 사용한다.

가공도 쉽고 단단한 나무로 목공용 본드에 접착성이 매우 좋은 나무다.

또한, 치수 안정성도 뛰어나고 도장 작업에도 매우 좋아 문틀과 문짝에 많이 사용하는 하드목이다.

가격도 다른 하드목에 비하면 매우 저렴하다고 할 수 있다.

10. 멀바우

멀바우 계단 판재는 하드목으로 고급스러운 진한 적갈색으로 중후한 느낌이 장점이다.

천연 방부목으로도 많이 알려진 나무로 진한 색감을 좋아하는 분들이 많이 사용하고 있다.

단단한 나무지만 가공에 큰 불편함이 없고 내구성이 좋으며, 다른 나무에 비해 수분에 의한 변형이 적은 것도 장점이다.

단점으로는 수분에 의한 색 빠짐이 심하다는 것인데, 실내 목계단으로 쓰기에는 매우 좋은 나무다.

11. 엘더(오리나무)

엘더는 하드 우드로 나무의 결과 색상에 별다른 특징이 없이 매끄러운 것이 특징이다.
가공성이 좋아 악기의 소재로도 많이 사용한다.
다른 나무에 비해 수축과 팽창이 적고 목질은 단단하며, 가볍고 치수 안정성도 좋은 나무다.

가격 또한 저렴한 편에 속한다.

12. 티크(Teak)

티크 계단 판재는 매우 고급 수종으로 단단하고 내구성이 좋으며 수축과 팽창도 적은 계단 판재 중에 하나다.

가공은 비교적 쉬운 편이며 가공 후 갈라지거나 틀어지는 경우가 적고 충해에 강하며 금속에 의한 부식도 없는 나무다.

단점이라면 다른 나무에 비해 비싼 것이 흠이다.

10 흡음재

흡음재란, 소리의 울림을 적게 하기 위한 제품이다.

자재의 표면적을 넓고 불규칙하게 만들어 소리가 벽, 천장 등에서 파장을 흡수하여 반사되지 않고 흡음할 수 있게 만들어진 제품을 말한다.

흡음재는 크게 두 가지로 나눌 수 있다. 하나는 칸막이나 벽체, 천장, 속에 들어가는 충진용 제품과 나머지는 치장용(마감용) 제품이다.

충진용 제품으로는 그라스울, 미네랄울, 스카이비바, 인슐레이션 등이 있고, 치장용(마감용) 제품으로는 목모(나무 섬유) 보드, 흡음(타공) 보드, 아트 보드, 아트 사운드, 계란판 등이 있다.

1. 그라스울

내장 목수가 사용하는 자재 중에서 가장 사용하기 싫은 제품 중에 하나라고 할 수 있다.

하지만 그라스울은 흡음 및 단열 성능이 좋은 불연재로 현장에서 가장 많은 곳에서 사용한다.

그라스울은 유리를 녹여 솜처럼 만들고 이를 가공해서 갖가지 형태의 불연 단열재 및 흡음재로 판매하고 있다.

내장 목수가 주로 사용하는 그라스울은 판재 형태로, 각종 구조 틀 속에 단열 및 방음 차음 등을 위한 충진재로 많이 사용한다.

2. 미네랄울

미네랄울은 광물인 돌(현무암)을 솜처럼 만든 제품으로 단열 및 흡음성이 매우 좋아 주로 음악실 등 방음이 필요한 곳에 많이 사용한다.

단점으로는 그라스울보다 비싸고 습기에 약하며 곰팡이도 생길 수 있다.

3. 스카이비바

스카이비바는 인체에 무해하다는 폴리에스터로 만들어진 제품으로 단열과 흡음성이 좋다.

섬유 충진재 중에서 작업 거부감이 가장 적은 제품 중 하나다.

4. 인슐레이션

인슐레이션의 사전적 의미는 단열재다.

하지만 현장에서는 하나의 상품으로 인식하는 사람들이 많다.

재생 유리와 천연 모래를 혼합하여 솜처럼 만들어진 제품으로 간단하게 말하면 그라스울과 미네랄울을 혼합한 단열재라 할 수 있다.

5. 목모(나무 섬유) 보드

목모 보드는 나무를 섬유(실)로 만들고 시멘트로 접착해 만들어진 제품이다.

흡음과 방음 효과가 좋아 음악실, 녹음실, 강당, 체육관, 교회 등 많은 사람이 모이는 곳에 내부 흡음 마감재로 많이 사용한다.

6. 흡음(타공) 보드

흡음(타공) 보드는 MDF를 가공한 제품으로, 마감
재를 붙인 뒤에 구멍을 뚫고 홈을 파서 판매하는
제품이다.

타공 보드는 단 타공과 라인 타공 보드가 있다.

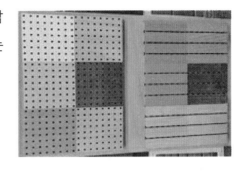

7. 아트 보드

아트 보드는 인체에 무해하다는 폴리에스터 섬유
를 높은 압력으로 눌러 판재 형태로 만든 섬유 판
재다.

흡음과 단열성이 좋고 다양한 컬러로 판매하고 있
으며, 가공 작업도 좋아 피아노 학원 등 음악 관련
시설 등에 마감재로 많이 사용하고 있다.

11 단열재

단열재란, 실내의 따뜻하고 시원한 공기와 실외의 차고 뜨거운 공기가 서로 교환되는 것을 어렵게 하여 냉난방의 손실을 최소한으로 줄이기 위한 자재다.

단열재 시공은 실내에 설치하는 내단열과 실외에 설치하는 외단열로 구분하며, 단열의 효과는 외단열이 더 좋다고 한다.

단열재로는 스티로폼, 그라스울, 미네랄울, 아이소핑크, 네오폴, 이 보드, 열 반사 시트(온돌이) 등이 있다.

1. 스티로폼(Styrofoam)

스티로폼은 폴리스티렌 수지를 작은 콩알처럼 부풀려서 판재로 만든 제품이다.

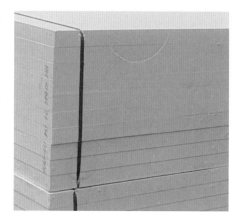

희고 가벼우며 단열, 방음, 완충성 등이 매우 좋아 건축 자재뿐 아니라 각종 물품을 보호하는 포장재로도 많이 사용한다.

가격이 저렴하고 단열성 등은 우수하지만, 불에 잘 타고 수분에 약하다.

2. 아이소핑크

아이소핑크는 스티로폼과 같은 폴리스티렌 수지로 만들지만 만드는 방법이 전혀 다른 제품이다.

스티로폼은 동글동글한 알맹이들을 모아서 만들었지만, 아이소핑크는 내부에 각 각의 독립된 공기 방울(기포) 구조로, 기포에 불화탄소가 들어 있는 구조다.

단열성도 스티로폼보다 매우 좋고 더 비싸다.

3. 네오폴

네오폴은 스티로폼에 흑연을 첨가해서 만들어진 제품으로 스티로폼보다 단열성이 더욱 좋은 제품이다.

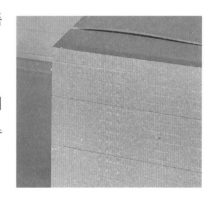

네오폴은 특히 석고 본드에 잘 붙어서 석고 보드 합지 작업(일명: 떡 가베)에 하자가 적은 제품이라고도 할 수 있다.

4. 이 보드

이 보드는 복합 단열재로 아이소핑크에 공기층이 있는 플라스틱 보드를 붙여 만들어진 합지다.

신축 공사보다는 시공 후 결로 등 하자를 확인한 보수 공사에 주로 많이 사용한다.

이 보드는 마감 작업에 따라 일반용과 도장용 두 가지로 나눌 수 있고 새로운 제품도 있는 거로 안다.

규격은 900×1800, 2400이 있고 두께는 플라스틱 보드 3mm에 기성품 아이소핑크 두께를 더한 치수로 13mm부터 판매한다.

5. 열 반사 시트

열 반사 시트 단열재는 복합 단열재로 알루미늄, 부직섬유, 폴리에틸렌 등으로 만들어진 제품이다.

일명 온돌이라고도 불리며 비접착과 단면 양면 접착이 있다.

온돌은 주로 건물의 외부 단열에 많이 사용하고 내부 공사에는 5~10mm 정도의 얇은 단면 접착식 단열재를 주로 사용한다.

12 몰딩, 걸레받이, 코너 비드(코너 기둥)

몰딩, 걸레받이, 코너 비드(코너 기둥)는 넓은 의미에서 모두 몰딩이라고도 할 수 있다.

몰딩이란, 얇고 긴 형태로 자재의 이음매를 감추고 돌출된 곳의 손상을 방지하며 서로 다른 소재의 연결 마감 작업 등에 사용하는 모든 제품을 지칭한다.

1. 몰딩

건축에서의 몰딩은 보통 천장과 벽면이 만나는 코너에 설치하는 자재를 말한다.

천장의 마감 자재, 도배, 도장, 필름 등의 자재와 벽면의 마감 자재를 시공할 때 재료의 분리로 시공의 완성도를 높여 주며, 몰딩 또한 마감 디자인의 한 부분이다.

몰딩은 아주 다양한 소재로 만들어지고 생산 업체마다 디자인 및 몰딩의 소재도 규격도 모양도 전부 다르다.

몰딩은 형태에 따라 갈매기, 평, 계단, 배꼽(데코), 마이너스 몰딩 등이 있으며 소재로는 원목, 집성목, MDF, PVC, 알루미늄, 합판, 우레탄 등이 있다.

① 갈매기 몰딩

갈매기 몰딩의 본명은 크라운 몰딩이다.

현장에서는 단면이 갈매기 그림처럼 생겼다고 해
서 붙여진 이름으로, 갈매기 몰딩 또는 사선 몰딩
으로 더 많이 불린다.

갈매기 몰딩을 만드는 회사마다 크기는 비슷해도
생긴 모양은 모두 다르다. 이는 몰딩을 생산 판매
하는 회사의 의장 등록 때문이다.

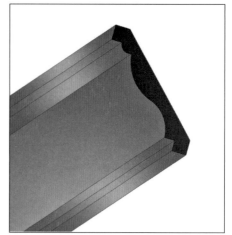

다른 몰딩의 크기에 비하면 연귀를 맞추기 가장
쉽지만 초보자에게는 난도가 높은 작업일 수도 있다.

갈매기 몰딩을 각도 커팅기로 절단하는 방법도 두 가지다.

하나는 커팅기에 가이드를 만들고 자르는 방법과 커팅기의 바닥면 각도(테이블 각)와 머리통
각도(베벨 각)를 따로 맞추고 갈매기 몰딩을 테이블의 평면에 놓고 자르는 방법이 있다.

많은 목수는 갈매기 몰딩을 자르는 각도를 테이블은 35°, 베벨 각은 30°로 외우고 다니기도
한다. 하지만, 갈매기 몰딩마다 절단 각도가 달라서 굳이 외울 필요가 없다.

먼저 주문한 몰딩을 확인하고 몰딩의 천장면을 커팅기의 바닥으로 붙여서 하나만 절단해 커
팅기에 평면으로 놓으면 베벨 각과 테이블 각을 알 수 있다.

② 평 몰딩

평 몰딩은 단면이 직사각형 모양의 몰딩으로 보통은 MDF 9mm×40, 45, 50, 60, 80, 100mm 등의 평판 몰딩으로 크기가 커질수록 작업이 매우 까다롭고 어려워진다.

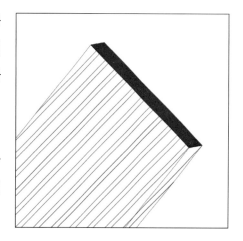

 이유는 건물의 내부 칸막이 벽체가 정확한 90°가 아니라서 각이 조금만 틀려도 몰딩의 연귀에 틈이 생길 수 있다.

③ 문선 몰딩

문선 몰딩이란, 문틀 설치 후 문틀과 벽면의 연결부를 가리고 도배, 필름, 도장 등의 마감 작업을 깔끔하게 하기 위한 작업이다.

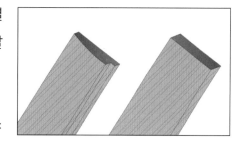

문선 전용 몰딩도 판매하고 있으며 MDF 필름 12×60mm 두께의 평 몰딩으로도 많이 사용한다.

④ 계단 몰딩

계단 몰딩은 몰딩의 모양이 계단처럼 생겼다 해서 붙여진 이름이다.

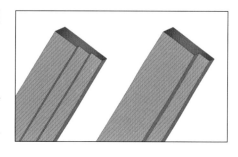

계단 몰딩의 2계단, 3계단 몰딩으로도 불리며 작업은 평 몰딩처럼 커질수록 작업이 매우 까다롭고 어렵다.

⑤ 배꼽(데코) 몰딩

배꼽 몰딩은 단면의 모양이 배꼽을 닮았다
해서 붙여진 이름이다.

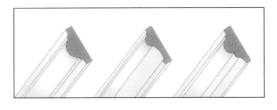

이 몰딩은 액자 앤티크 몰딩 등과 함께 웨인
스코팅 작업에 많이 사용하지만, 내부 목공사에서는 그리 많이 사용하는 몰딩은 아니다.

웨인스코팅 작업

※참고

웨인스코팅 작업
웨인스코팅(Wainscoating)이란, 벽면 등에 칸을 나눠 음양으로 장식하는 모든 방법을 말한다.

하지만, 우리나라에서는 주로 배꼽 몰딩 등을 가지고 벽면 및 패널(고시) 문짝 가구 등에 액자
형태로 나눠 몰딩으로 장식하는 걸 지칭한다.

⑥ 마이너스 몰딩

마이너스 몰딩이란, 벽체에서 천장의 마감면보다 위로 올라간 홈을 만드는 작업이다.

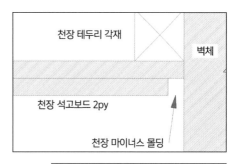

마이너스 몰딩으로는 주로 알루미늄 기성품을 많이 사용하며 천장에 석고 보드가 2py 일 때는 현장에서 MDF 9mm로 직접 작업하기도 한다. 단 고밀도 mdf 사용해야 크랙(실금) 생기는걸, 많이 줄일 수 있다.

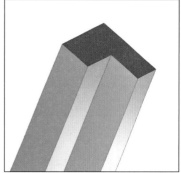

또, 계단 몰딩 중 가장 작은 규격(25×18mm)을 마이너스 몰딩이라고도 부른다.

2. 걸레받이

걸레받이란, 바닥면을 청소할 때 걸레질로 벽면의 손상을 막기 위하여 설치하는 몰딩이다.

주로 벽면의 하부에 바닥과 접한 코너에 설치하는 몰딩으로 벽면의 자재와 바닥의 자재가 만나는 벽면에 설치한다.

걸레받이는 원목, 집성목, MDF, PVC, 알루미늄, 합판, 대리석, 마블, 타일 SUS 등 아주 다양한 소재로 작업이 가능하며 규격도 모양도 각각 달리할 수도 있다.

목공에서 걸레받이는 일반 걸레받이, 마이너스 걸레받이, 메지 걸레받이로 나눌 수도 있다

① 일반 걸레받이

현장에서 가장 많이 시공하는 방법 중 하나로 벽면에서 돌출되게 시공한다.

보통은 걸레받이로 만들어진 기성 제품을 많이 사용하지만, 현장에 따라서 필름 평 몰딩 80mm나 100mm로 작업하기도 한다.

또, MDF나 합판 9, 12mm를 절단 가공해서 설치 후 도장 또는 필름 마감을 하기도 한다. 걸레받이는 강화마루용이 따로 있다.

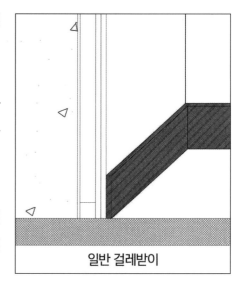

일반 걸레받이

이유는 강화마루의 움직임과 변형률이 다른 마루나 마감재보다 심하기 때문이다.

② 마이너스 걸레받이

마이너스 걸레받이는 벽면의 마감재보다 안쪽으로 들어가 있는 몰딩을 말한다.

알루미늄 기성품으로 만들어 판매하는 것도 있으며 현장에서 판재를 이용해서 설치하기도 한다.

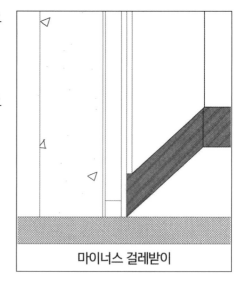

마이너스 걸레받이

③ 메지 걸레받이

메지 걸레받이는 벽면에 홈을 만들어 벽면
과 걸레받이를 구분한다.

보통은 벽면의 하부에 합판이나 MDF로 걸
레받이를 설치한 뒤 메지 5~12mm의 간격
을 두고 벽체를 만든다.

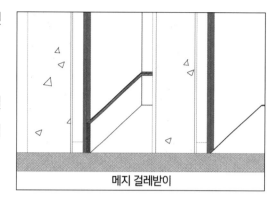

메지 걸레받이

알루미늄 메지 걸레받이 기성품도 있다.

3. 코너 비드(코너 기둥)

코너 기둥과 비드는 벽체와 벽체가 만나는 모서리
에 설치하는 자재로 벽체의 마감 자재에 따라 아
주 다양한 제품이 있다.

코너 비드는 미장용, 도배용, 타일용, 석고 보드용
등이 있으며 PVC, 알루미늄, SUS, 종이, MDF, 목
재 등 소재도 아주 다양하다.

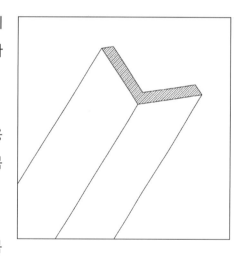

목수들이 많이 사용하는 코너 비드는 현장에서 목
재 및 합판 MDF 등을 켜서 사용하기도 하며, 기성품으로 석고 보드용과 벽체의 루바나 플로
어링 마감 시 타일용 비드를 사용하기도 한다.

코너 기둥은 현장에서 만들어 시공하기도 하지만 기성품을 더 많이 사용한다.

13 PVC

PVC 제품으로는 주로 천장 몰딩과 걸레받이, PVC, 천장, 루바, 렉스판 등이 있으며 PVC 제품이지만 내장 목수들이 자주 사용하는 제품들이다.

PVC 제품들은 주로 화장실, 주방 등 수분이 많은 곳에서 내부 마감재로 사용한다.

14 무늬목

무늬목이란, 원목을 종이처럼 켜서 만든 목재를 말하며 원목처럼 보이게 만들어진 인조 무늬목도 있다.

무늬목은 켜는 방법에 따라 부르는 이름이 다르다.

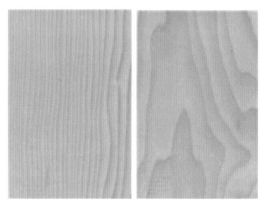

나무의 결을 따라 직선으로 나무를 켜서 목재의 무늬가 직선에 가깝게 만들어진 무늬목은 마사라고 부르고 전체적 무늬는 직선에 가깝다.

무닛결(나이테)이 곡선의 형태로 보이게 만들어진 무늬목은 이다메라고 부른다.

무늬목을 만드는 수종은 나무의 결이 아름답고 고급스러운 특수목(고급 수종)이지만 무늬가 좋으면 부드러운 연질의 나무로도 무늬목을 가공하기도 한다.

무늬목 가공의 대표 수종으로는 부빙가, 오크, 메이플, 흑단, 애쉬, 홍송, 티크, 체리, 자작, 월넛(호두나무), 비취, 미송, 라왕 등 원산지에 상관없이 나무의 결이 좋으면 무늬목으로 가공해 판매하고 사용한다.

무늬목 작업은 필름 작업으로 인해 현저하게 줄어들었다. 하지만 아직도 인테리어 작업에서 가끔 사용하기도 한다.

무늬목 사진(청림특수무늬목 사진 발췌)

15 접착제

내장 목수의 작업 현장에서 사용하는 접착제는 시공하는 자재 및 소재에 따라서 그에 적합한 접착 제품이 있다.

그중 가장 많이 사용하는 접착제로는 목공용 본드가 있으며 다음으로 실리콘, 우레탄폼, 순간접착제, 에폭시 등이다.

이 밖에도 DIY 공방 등에서 사용하는 친환경 목재 본드(글루)와 다양한 소재의 PVC, 고무, 석고 보드, 타일, 금속 등 소재에 따라서 사용할 수 있는 종류도 다양하다.

그럼 하나씩 알아보자.

1. 목공용 본드

목공 현장에서 가장 많이 사용하는 목공용 접착제는 205, 505, 705 본드 등 숫자로 불린다.

이 번호에는 제조 회사와 본드의 점도 정보가 담겨 있다. 앞의 번호 2는 오공, 5는 형제, 7은 쌍곰 등으로 상호를 뜻하며 뒤의 번호는 점도를 말한다.

차례대로 01번이 가장 묽고 수지의 함량도 적으며 번호가 높을수록 점도와 수지의 함량이 높아진다. 01번과 02번은 주로 도배사들이 많이 사용하며 목공 작업에서는 면적이 넓은 판재나 석고 보드 2py 작업 등에 사용하는 것이 좋다.

예를 들면 1번과 02번 본드는 벽면에 설치된 1py 석고 보드나 합판 MDF 위에 석고 보드를 추가로 작업할 때 사용한다.

점도가 묽어야만 석고 보드에 본드를 바르고 눌러서 바탕면에 밀착 시공하기가 좋기 때문이다.

05번 본드는 목공 현장에서 가장 많이 사용하는 본드로, 각재나 판재 등에 고루 사용하기 좋은 점도를 가졌다.

2. 실리콘

실리콘은 목공용 본드 다음으로 목공 현장에서 많이 사용하는 접착제며 실리콘은 금속과 유리, 타일 및 코팅된 마감 자재에 각재 및 판재 등을 붙일 때 많이 사용한다.

다양한 색상이 있지만, 접착용으로 사용할 때는 색소가 없는 투명한 실리콘이 가장 접착력이 좋다.

다양한 색상의 실리콘으로 접착력 실험을 해 보면 실리콘의 색상에 따라 조금씩 접착 강도가 다른 걸 알 수 있다.

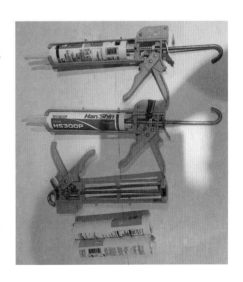

실리콘도 원하는 색상으로 소량 주문도 가능하다. 기성품에 없는 색상은 주문해서 사용하면 된다.

수성 실리콘은 목공 작업 접착용으로 사용하면 절대 안 된다. 접착력이 없어 하자가 생긴다.

3. 순간접착제

목공 작업 현장에서 사용하는 순간접착제는 주로 몰딩 작업에서 사용하며 웨인스코팅, PVC 몰딩, 우레탄 몰딩 등 연귀 절단 후 연귀을 붙이는 작업에 많이 사용한다.

이때, 접착 증강재와 함께 사용하면 작업 시간을 단축할 수 있다.

4. 핫 멜트(글루 건 스틱)

핫 멜트는 보조용으로 사용하는 접착제로 실리콘이나 에폭시 등 양생 시간이 오래 걸리는 접착제와 함께 사용하여 빨리 붙이고 다른 작업을 할 수 있게 해 주는 보조 접착제다.

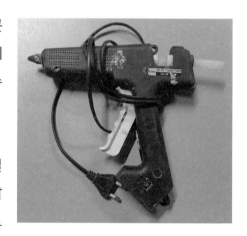

핫 멜트(글루 건 스틱)는 글루 건에 꽂고 전기의 열로 녹여 소재를 붙이는 접착제로, 양생 시간이 짧지만 핫 멜트만 사용해서 소재를 붙이면 핫 멜트의 접착 강도가 약해서 하자가 생길 수 있다.

5. 우레탄폼

목공 현장에서 많이 사용하는 접착 및 충진재로 주로 문틀을 설치하거나 벌어진 틈새를 메꾸고 굴곡이 심한 벽면이나 천장에 판재를 붙일 때 주로 사용한다.

우리가 일반적으로 생각하는 것보다 접착력이 좋은 제품으로, 일반용 우레탄폼과 건용 우레탄폼이 있고 우레탄폼은 사계절용과 겨울용이 있다.

하지만 날씨가 너무 추운 날 사용하면 통 안에서 밖으로 나오면서 동결로 인해 작업에 하자가 생길 수도 있다.

겨울철에 우레탄폼을 사용하면 추운 날씨로 인하여 통 안에 남아 있는 우레탄폼의 양이 생각보다 많이 남아 있다. 이때 따듯한 물속에 우레탄폼을 담아 두고 사용하면 좋다.

우레탄폼 건은 사용하는 사람마다 생각이 조금씩 다르겠지만 사용 후 폼 클리너로 청소를 하는 사람이 많은 것 같다.

하지만 우레탄폼 건은 사용 후 폼 통을 그대로 두고 방아쇠를 잘 잠가 사용하는 것이 개인적으로는 조금 더 오래 사용하는 것 같다.

6. 에폭시

여기서 말하는 에폭시는 접착제를 말하며 주제와 경화제 또는 A제, B제로 두 가지를 혼합해서 사용한다.

목공 현장에서 자주 사용하는 접착제는 아니지만, 철골 계단의 금속판에 목계단 판재를 붙이거나 석재, 타일 등에 목 판재를 붙이는 등 강한 접착력이 필요한 곳에 사용한다.

7. 석고 본드

석고 본드는 석고 보드를 바탕 벽면에 바로 시공할 때 사용하는 본드로 물에 반죽하여 사용한다.

벽체에 각재 틀 없이 석고 보드를 작업할 수 있는 제품으로 현장에서는 일명 떡 가베라 부르는 작업에 사용하고 있다.

지금까지 내장 목수가 사용하는 자재 일부를 매우 간단하면서 일반적 내용으로 정리해 봤다. 하지만, 여기서 소개한 자재 이외에도 수많은 자재를 사용하며 새로운 제품도 계속 개발되어 상품화되고 내장 목수의 현장에서 사용할 것이다.

다음으로 장으로 넘어가자. 이번에 소개할 내용은 내장 목수가 작업하면서 사용하는 수학 공식과 공식을 목공 작업에 어떻게 사용하는지 또 √가 있는 일반 계산기와 공학 계산기를 사용한 계산 방법 및 기능 등을 알아보자.

3 목수의 수학과 응용

현장에서 작업하는 내장 목수가 뭔 수학 공식까지 사용하며 일을 하느냐며 뭐라고 할 수도 있다. 하지만 공구와 자재의 발달로 다양한 작업을 할 수 있기에 내장 목수에게 기본적인 수학 공식은 꼭 필요하다고 생각한다.

물론 공식을 모른다고 작업을 못 하는 건 아니지만, 알아 두면 조금 더 쉽고 빠르고 정확하게 디자이너가 요구하는 작업할 수 있기 때문이다.

디자이너가 원, 타원, 사선, 다각형 등을 사용해 디자이너의 상상력을 그림으로 표현한다면, 내장 목수는 디자인한 그림과 도면을 가능한 범위 내에서 실물로 만들어 주어야 한다.

디자이너가 표현하고자 하는 작업이나 작품을 목공 기술로 실현하고 고객이 원하는 대로 만드는 것이 우리 내장 목수들의 해야 할 일이며, 그러한 기술에서 자부심을 느낄 수 있지 않을까 생각한다.

그렇기에 내장 목수가 작업에서 가장 많이 사용하는 수학 공식 정도는 알고 있어야 하며, 작업 현장 작업에서 공식을 바로 사용할 수 있도록 항상 암기하고 있어야 한다.

1 삼각함수

1. 대각선 길이 구하기

내장 목수는 작업에서 공식의 풀이가 아닌 수치화된 값이 필요하다.

하지만 공식을 알아야 값을 구할 수 있기에 삼각함수 중에서 간단한 기본 공식만 숙지하면 된다.

대각선의 길이를 구하는 공식은 $\sqrt{(A^2+B^2)} = C$가 공식이다.

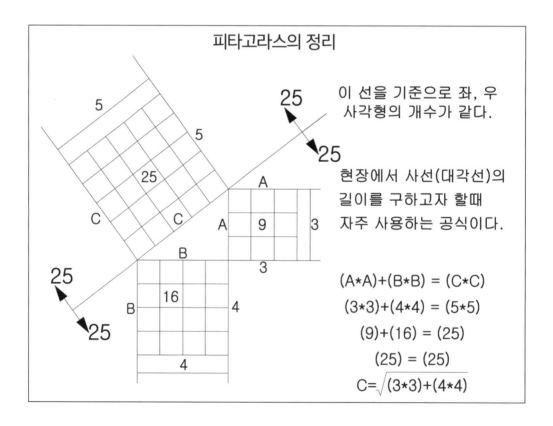

그림에서 칸의 숫자를 보면 $A^2+B^2 = C^2$과 같다.

다시 말하면 A의 면적(3×3= 9)+B의 면적(4×4= 16)의 합이 25다. 그럼 C의 면적(5×5= 25)은 25로 (A×A)+(B×B)는 C×C와 같다.

그래서 A^2의 면적= 9 B^2의 면적= 16의 합은 25로 C^2의 면적 25와 같다. 그래서 C^2의 면적에 $\sqrt{}$를 씌우면 C= 5가 된다.

그럼 계산기로 한번 해 보자. 공학용 계산기와 일반 계산기에서는 누르는 방법이 조금 다르다, 위에 $\sqrt{(3^2+4^2)}$을 일반 계산기로 계산해 보자.

일반 계산기에 MRC를 눌러서 기억된 값을 지우고 기억된 값이 없다면 숫자부터 순서대로 계산기를 눌러 가면 된다. **3×3= M+ 4×4= M+ MRC $\sqrt{}$ = 5가 나온다.**

여기서 M+는 계산한 값을 기억시켜 그 값에 더해 가는 기능이고 M−는 기억된 값에서 빼는 기능이다.

다시 공학용 계산기로 해 보자. 공학용 계산기는 공식대로 눌러야 한다.

먼저 $\sqrt{}$를 누르면 $\sqrt{($ 이렇게 보인다. 그럼 3을 누르고 x^2+4를 누르고 x^2 그리고)를 누르고 = 하면 된다. 그럼 $\sqrt{(3^2+4^2)}$= 5가 나온다.

작업 중에 대각선의 길이를 구하는 이유는 아주 많다. 꼭 암기해서 현장에 응용할 수 있길 바란다.

2. 각도 구하기

내장 목수가 각도를 알면 작업을 편하고 빠르게 할 수 있는 일들이 아주 많다. 이는 내장 목수의 전동 공구 각도 커팅기가 있기 때문이다.

그럼 각도를 구하는 방법이 어려울까? 알면 정말 간단하고 매우 쉽다. 바로 계산해서 각도를 구해 보자.

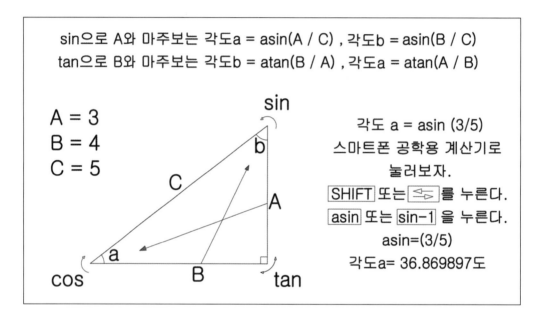

각도를 구하는 방법은 3가지로 sin, cos, tan가 있지만, sin과 tan만 알아도 된다. sin과 cos으로 각도 구하기는 숫자만 달리하면 각도를 구할 수 있기 때문이다.

그럼 각도를 구해 보자. 각도를 구하려면 먼저 공학용 계산기의 sin 값을 각도 값 $\sin^{-1}$ 또는 **asin**으로 변환시켜 줘야 한다.

그럼 높이 A와 마주 보는 각도 a= $\sin^{-1}$(3/5)다.

그럼 한번 해 보자. 스마트폰에 공학용 계산기를 켜고 **SHIFT 또는** ⇄ , 누르면 $\sin^{-1}$ 또는

asin이 나온다. 이를 누르면 sin^{-1} (로 써진다. 그럼 sin^{-1}(3/5를 누르고) 를 닫고 = 을 누르면 각도가 36.86989°라고 뜰 것이다. 그럼 a의 각도가 약 36.87°이다.

밑변 B와 마주 보는 각도 b= sin^{-1}(4/5)다. 다시 밑변 B와 마주 보는 각도 b를 계산해 보자. SHIFT 또는 ⇄, 누르면 sin−1 또는 asin이 나온다.

이를 누르면 sin^{-1}(로 써진다. 그럼 sin^{-1}(4/5를 누르고) 를 닫고 =을 누르면 각도가 53.13010°라고 뜰 것이다. 그럼 b의 각도가 약 53.13°다.

sin과 cos의 각도는 항상 작은 숫자를 큰 숫자(대각선의 길이)로 나누면 된다.

tan로 각도 구하기는 현장에서 더 쉽게 사용할 수 있고 각도를 계산하기가 더 쉬운 방법이다.

높이 A와 마주 보는 각도 a= atan(3/4)로 대각선의 길이를 몰라도 각도를 구할 수 있기 때문이다.

스마트폰에 공학용 계산기를 켜고 SHIFT, ⇄ , 누르고 tan^{-1} 또는 atan을 누르고 (3/4)를 누르면 각도가 36.86989°라고 뜰 것이다. 그럼 a의 각도가 약 36.87°다.

다시 밑변 B와 마주 보는 각도 b를 계산해 보자. SHIFT, ⇄ , 누르고 tan^{-1}, 또는 atan을 누르고 (4/3)을 누르면 각도가 53.13010°라고 뜰 것이다. 그럼 b의 각도가 약 53.13°다.

다시 말하면 이 두 가지 방법은 구하고자 하는 각도와 마주 보는 변의 길이를 먼저 누르고 sin은 사선(대각선)의 길이로 나누고 tan은 나머지 변의 길이로 나누면 각도가 된다.

이처럼 각도를 구할 수 있다면 사용할 수 있는 곳이 아주 많다.

가장 최근에 성남 판교 아파트 리모델링 목공사 현장에서 작업 중 목공반장에게 전화가 왔다.

높이가 1100mm 하부는 반지름 300mm, 경사는 각도 15°로 작업을 할 때 천장에서의 거리를 구하는 공식을 알려 달라는 전화다.

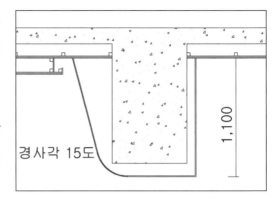

그럼 풀어 보자. 먼저 15°라는 각도에 맞는 상부 천장에 거리가 필요하고 반지름이 300mm에 각도 75°에 맞는 원이 필요하다.

공학용 계산기로 우리가 모르는 x값을 구해 보자.
tan(15)×1100= 294.744mm다.

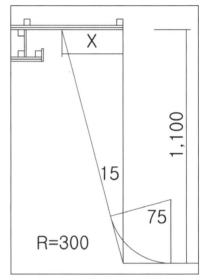

이렇게 각도를 구하는 방법은 목계단 및 계단의 핸드레일, 벽체, 천장 등 경사나 사선으로 이루어진 모든 작업에서 사용할 수 있는 공식이다.

2 원과 원의 분할

원의 면적과 둘레를 구하는 공식은 누구나 잘 알고 있는 공식이다.

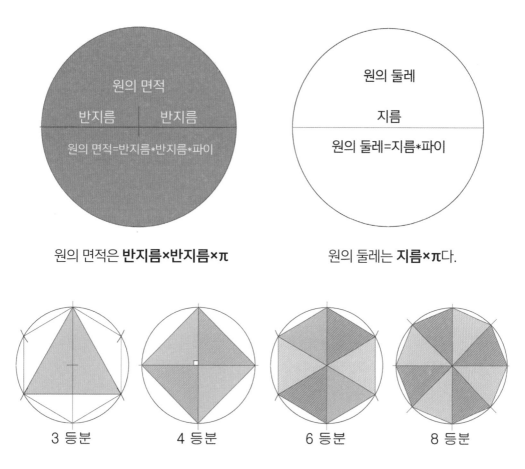

원의 면적은 **반지름×반지름×π**   원의 둘레는 **지름×π**다.

3 등분   4 등분   6 등분   8 등분

또, 원을 나누는 일반적인 작도법은 모두가 잘 알고 있다.

하지만 정원(360°)을 5등분 또는 7, 9, 10, 11, 13… 등분으로 자유롭게 나누기란 쉽지 않다.

또, 360°가 아닌 230°, 175° 등 다양한 각도의 둘레를 나누기란 더욱 어렵다.

하지만 sin 값을 알면 아주 쉽고 간단하게 원의 둘레를 나눌 수 있다.

예를 들면 정원의 둘레를 5로 나눈다면, 공식은 **sin(360°/(5×2))×2×반지름**이다.

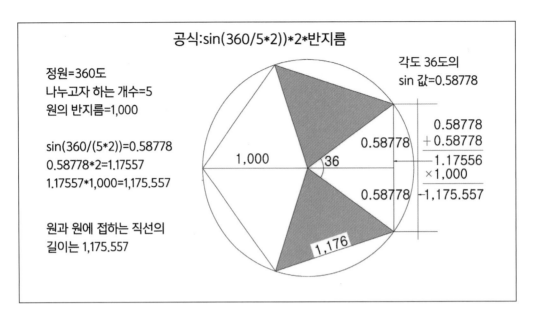

풀어서 쓰면 sin(각도/(나누고자 하는 수×2))×2×반지름이다. 여기서 2는 고정 숫자다.

그럼 공학 계산기로 계산해 보자.

먼저 나누고자 하는 각도 360°를 나누기 구하고자 하는 원의 5등분에 sin 값을 구하기 위한 곱하기 2를 하면, 공학 계산기로는 sin(360/(5×2))= 0.587785가 나온다.

이 값을 다시 곱하기 2를 하면 1.17557이고 여기에 반지름을 곱하면 원과 원에 접하는 한 변의 길이가 나온다.

눈으로만 보지 말고 스마트폰으로 계산해 보길 바란다.

그럼 정원이 아닌 다른 예를 들어 보자. 반지름이 1500mm고 나누고자 하는 각이 230°를 7등분으로 나누려면 sin(230°/(7×2))= 0.282819×2= 0.565639×1500= 848.459mm로 원과 원에 접하는 한 변의 길이가 약 848mm다.

직접 계산해 봐야 한다. 한 번 더 해 보자.

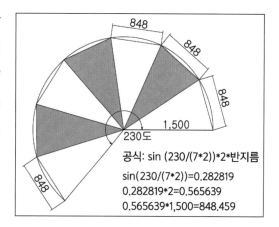

공식: sin (230/(7*2))*2*반지름
sin(230/(7*2))=0.282819
0.282819*2=0.565639
0.565639*1,500=848.459

정원 360°이며 원의 반지름이 2530mm고 9등분을 해야 한다면,

sin(360/(9×2))= 0.34202×2= 0.68404× 2530= 1730.62로 원과 원에 접하는 한 변의 길이가 약 1731mm다.

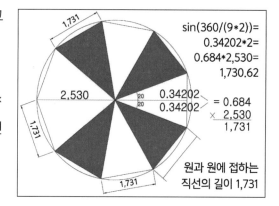

sin(360/(9*2))=
0.34202*2=
0.684*2,530=
1,730.62

0.34202
0.34202

= 0.684
× 2,530
1,731

원과 원에 접하는 직선의 길이 1,731

※참고

원의 분할 오차 수정 방법

그럼 원을 나눌 원과 원에 접하는 직선의 길이를 알면 원을 나눠 보자. 원을 나누기 위해서는 오차의 수정이 꼭 필요하다.

위에서 구한 원과 원에 접하는 직선의 길이 약 1731mm로 설명하면, 먼저 반지름값이 2530mm의 원을 그리고 원의 어느 곳이든 상관없이 시작점을 표시한다.

각재나 합판으로 조기대(줄자를 대신할)를 1731mm로 만들고 원에 표시한 점에서부터 원의 둘레에 선을 따라서 표기하고 마지막 차이를 원의 분할 개수로 나눠 조기대에 반영하여 수정 작업을 해야 한다.

원의 분할을 이용한 가공 작업 사진

세븐 스프링스 목공사 작업 사진

원의 분할로 작업한 트리(대구 세븐 스프링스)

3 원의 반지름값 구하기

내장 목수가 원을 가공하기 위해서 가장 많이 사용하는 공식 중에 하나로 원의 반지름값을 구하는 공식이다.

현장에서 작업하는 중에 원의 둘레 일부만 또는 높이와 넓이만 알 수 있는 경우에 사용하는 공식이다.

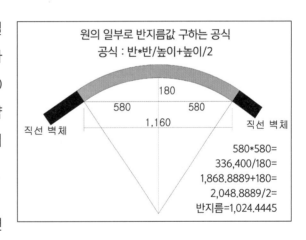

반지름 구하는 공식=곱나더나 공식

길이 L

높이 H

반, L1   반, L1

반지름   반지름

반지름 구하는 공식=(L1*L1)/H+H/2
반지름 구하는 공식=(반*반)/높이+높이/2

보통은 '**곱, 나, 더, 나**'라고 외우며 '반 곱하기, 반 나누기, 높이 더하기, 높이 나누기 2'로 외우는 목수들도 있다.

정원으로 예를 들어, 반지름이 3, 높이가 3이면 일반 계산기로는 공식의 순서대로 누르면 3× 3/3+3/2= 3. 그럼 반지름이 3이다.

그럼 문제로 풀어 보자. 실측한 길이의 반이 580mm이고 높이가 180mm라고 하면. 계산기로 580 ×580/180+180/2= 1024.44로 약 1024mm가 작업할 원의 반지름값이다.

원의 일부로 반지름값 구하는 공식
공식 : 반*반/높이+높이/2

180
580   580
1,160

직선 벽체   직선 벽체

580*580=
336,400/180=
1,868.8889+180=
2,048.8889/2=
반지름=1,024.4445

스마트폰 공학용 계산기로 계산하면 각각의 값에 = 을 눌러 줘야 한다.

580×580= 336400/180= 1868.888+180= 2048.888/2= 1024.444mm로 각 각의 계산마다 =을 눌러서 값을 구해야 한다.

이 계산 방법은 적어도 내장 목수라면 필수로 외우고 사용해야 하는 공식으로, 돔 천장이나 붙박이 의자 등 원을 사용하는 작업 현장이라면 모두 사용하고 계산한다고 해도 과언이 아니다.

4 타원 공식과 가공법

타원을 그리는 방법에는 두 가지로 실을 가지고 타원을 그리는 방법과 루타(트리머) 가이드 사용하는 방법이 있다.

실을 가지고 타원을 그리는 방법에는 조건이 있다. 이는 실로 타원을 그리는 작업 중에 실의 변형이 없어야 한다.

타원을 그리는 작업 중에 실이 늘어난다면 정확한 타원을 그릴 수 없기 때문이다. 타원 작업에 가장 좋은 실은 인장력이 가장 적은 합사 낚싯줄이다.

1. 타원의 공식

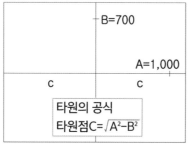

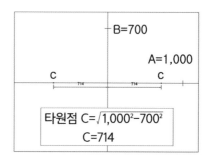

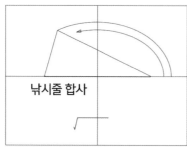

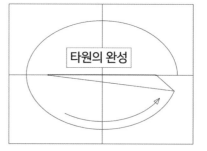

타원의 공식은 C= √(A²−B²)이다.

정원은 중앙에 하나의 점으로 원을 그린다면, 타원은 두 개의 점으로 그려야 하기에 타원을 그리기 위해서는 두 개의 점에 위치를 알아야 정확한 타원을 그릴 수가 있다.

우선 타원을 만들어야 하는 위치의 바닥이나 천장 또는 타원을 가공할 판재에 타원의 중앙에 위치하는 가로(긴 줄)줄과 세로(짧은 줄)줄을 작업한다.

타원에 두 개의 점은 항상 가로줄(긴 줄)의 선상에 위치한다.

예를 들어 가로줄과 세로줄의 작업이 끝났으면 먹줄의 교차(중앙)점에서 타원에 접하는 가로(긴 쪽)가 1,000mm이며 세로(짧은 쪽)의 길이가 700mm라고 한다면 1000= A, 700= B 그리고 타원의 두 점 중 한 점을 C라고 할 때 공식은 C= √(A²−B²)이다.

그러므로 C= √(1000²−700²)로 714.1428mm로 약 714mm다.

그럼 타원의 가로줄과 세로줄의 교차점 중앙에서 좌측과 우측으로 가로줄의 선상에 714mm의 길이에 표기하고 실을 걸 수 있게 양쪽에 작은 못을 박는다. 못을 고정했다면 실을 걸어야 한다.

실은 낚싯줄 합사 3~5호 정도가 인장력이 거의 없어 현재까지는 타원을 그리기에 가장 좋은 줄이다.

타원 작업용 합사 줄은 링으로 만들어서 못에 걸어야 한다.

합사 줄을 반으로 접고 접힌 쪽을 두 개의 고정된 못 중 하나에 걸고 반대편 못의 중앙을 지나 타원이 접하는 가로 선의 끝에서 묶어 주면 끝이다.

합사 줄은 꼭 링으로 만들어야 한다. 고정된 못에 합사 줄의 양쪽을 따로 묶으면 타원을 그릴 때 한 번에 타원을 그리는 작업할 수 없기 때문이다.

타원을 그릴 필기구는 합사의 마찰에 견딜 수 있는 필기구의 심이 금속으로 만들어진 샤프 또는 볼펜 등이 좋다.

2. 타원의 작도법

타원의 작업에는 공식보다 쉬운 작도법도 있다.

공식으로 계산하지 않아도 가로 선상의 못에 위치를 아주 빠르고 정확하게 찾을 수 있다.

위에서 보았던 타원의 공식에서 사용한 값으로 역계산을 해 보면 답이 있다. A= 1000, B= 700, C= 714.1428이다.

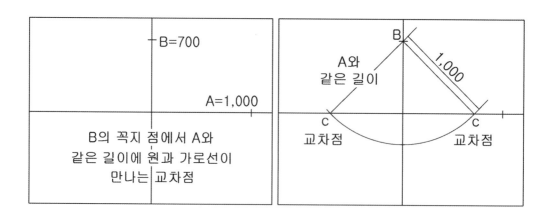

여기서 타원에 접하는 B와 가로 선상의 못에 위치 C를 연결하는 대각선의 길이를 구해 보면 **A= $\sqrt{(B^2+C^2)}$**이다.

A= $\sqrt{(700^2+714.1428^2)}$로 계산을 해 보면 999.999969로 반올림하면 1000mm란 걸 알 수 있다.

그럼 타원의 교차점에서부터 타원에 접한 가로 선의 길이(1000mm)와 타원의 교차점에서 타원에 접한 세로 선(700mm)의 꼭짓점으로부터 대각선(1000mm)에 접하는 가로 선의 위치가 타원의 한 점이며, 교차점의 반대편에 같은 길이로 또 한 점이 타원의 점이다.

그럼 두 교차점에 작은 못을 박고 합사 링을 만들어 위에서 기술한 방법대로 타원을 그리면 된다.

3. 타원 루타 가이드 사용법

타원의 작업을 위에서처럼 실(합사)로 작업한다면 정밀도가 많이 떨어지며 정확한 타원의 설치 가공물을 만들기 어렵다.

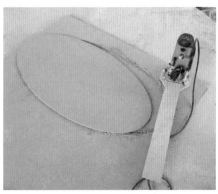

또한, 몇 년 뒤에 같은 작업을 한다고 하면 똑같은 제품을 만들기란 매우 어렵다.
하지만, 루타 가이드를 사용한다면 설치물을 현장 작업으로도 언제나 정확하고 똑같이 만들 수 있다.

내장 목수는 현장에서 사용하는 대부분 가이드를 현장에서 바로 만들어서 주로 사용하며, 정원이나 타원 가이드도 현장에서는 직접 만들어서 사용한다.

정원의 작업에 사용하는 루타 가이드는 고정하는 못이 중앙에 하나다.

그러나 타원의 루타 가이드는 두 개의 점으로 가로 방향의 직선운동과 세로 방향의 직선운동이 동시에 움직이는 가이드다.

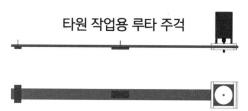

타원 작업용 루타 주걱

타원 가이드에 직선 가이드 설치 위치는 교차점으로부터 원에 접하는 가로 및 세로의 길이가 직선 가이드 설치 위치다.

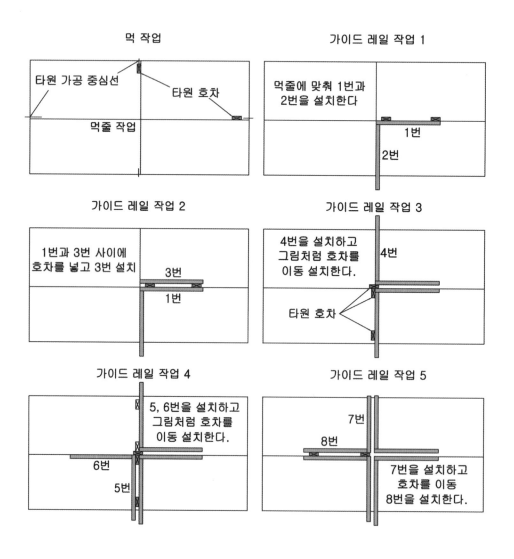

루타 주걱 하부에 또 다른 직선운동을 위한 직선 가이드 호차를 설치해야 하고 가공해야 하는 판재에도 직선 가이드가 움직일 수 있는 가이드 레일을 만들어야 한다.

레일과 호차 결합도

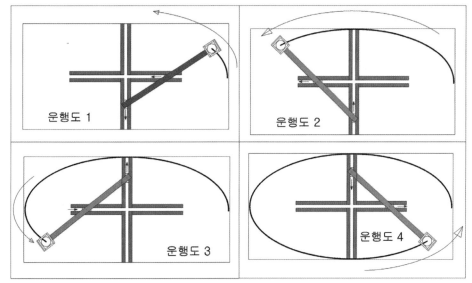

운행도 1

운행도 2

운행도 3

운행도 4

타원 가이드 운행도

타원 작업을 위한 가이드 레일 작업이 끝났으면 루타를 걸고 운행해 보자. 먼저 호차를 가이드 레일 홈에 끼운다.

한 명은 루타를 운행하고 또 한 명은 가이드를 운행하면서 작업을 하면 조금 더 편하고 쉽게 작업할 수 있다.

한 명은 루타를 잡고 또 한 명은 호차가 레이에서

이탈하지 않고, 호차가 움직이는 데 걸림이 없도록 잡아 주면 타원을 작업하기가 매우 쉽다.

5 칸의 분할

칸의 분할은 현장에서 많이 사용하는 계산 방법으로 난간대, 갤러리, 패널, 목계단 등 아주 많은 곳에서 사용하는 방법이다.

칸의 분할 방법은 길이 10m 거리에서 칸을 57개로 나눈다고 해도 작업의 허용 오차를 ±0.5mm 이내로 정확하게 작업할 수 있는 계산 방법이다.

칸의 분할을 하기 위해서는 휴대하기 좋고 루트(√)가 있는 일반 계산기를 사용하면 더욱 쉽게 계산하고 작업할 수 있다.

일반 계산기의 많은 기능 중에서 내장 목수가 가장 많이 사용하는 방법은 같은 숫자를 연속해서 더해 가는 방법이다. 한번 해 보자.

일반 계산기에 1을 누르고 +를 두 번 누르고 = = = =을 누르면 숫자가 1+1= 2, 2+1= 3, 3+1= 4로 앞에 값에 처음에 누른 값에 1이 계속 더해지는 걸 알 수 있다.

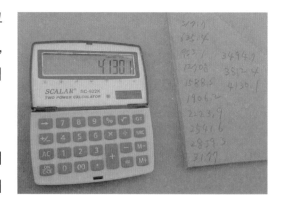

또, 정해진 숫자에서 일정한 값을 연속해서 빼거나 더할 수 있는 기능도 있다. 간단하게 한번 해 보자.

일반 계산기에 50+3을 누르고 = = =을 누르면 53, 56, 59로 뒤에 숫자가 3씩 더해지는 걸 알 수 있다. 또, 50-3을 누르고 = = =을 누르면 47, 44, 41로 빼지는 걸 알 수 있다.

이 기능은 내장 목공 작업에 활용하는 것으로 천장, 벽체, 목계단, 루바 및 플로어링 등의 작업에서 아주 많이 사용할 수 있다.

그럼 앞에 나온 길이 10m를 57로 나눈 값으로 한번 해 보자. 일단 10m를 10000mm로 변경한다. 현장에서 내장 목수는 밀리미터 단위를 사용하기 때문이다.

10000을 57로 나누면 175.438596491mm다. 그럼 계산기에 숫자를 지우고 다시 175.44까지만 숫자를 누르고 +를 두 번 누른다.

그리고 =을 누르면 175.44, 또 누르면 350.88, 한 번 더 누르면 526.32로 앞의 숫자에 175.44가 더해진다.

58번을 누르면 10000.08mm가 되며 허용 오차 ±0.5mm 안에 있다.

이 방법으로 난간대의 설치 위치를 계산하면 정말 빠르면서도 정확한 위치에 대봉과 소봉을 설치할 수 있다. 난간대의 설치 방법에는 세 가지 조건을 만들어 봤다.

+ 조건: 난간대 양쪽이 공간일 경우
0 조건: 한쪽만 공간일 경우
– 조건: 양쪽이 기둥(난간대)일 경우

+ 조건의 예를 들면 설치할 기둥의 두께가 정사각 90mm고 양쪽이 벽으로 벽 사이가 3450mm며 칸을 3칸으로 설치한다면, 칸은 3칸이고 기둥은 2개가 설치될 것이다.

이때, 가상의 기둥을 만들어 벽 사이 3450mm에 가상의 기둥(90mm)을 더한 숫자 3540mm를 칸의 숫자로 나누면 1180mm가 나온다.

이 숫자(1180)를 계산기에 입력한 후 + +를 누르고 = = =을 누르면 1180mm, 2360mm, 2692.5mm, 3540mm 오차가 ±0인 값이 나온다.

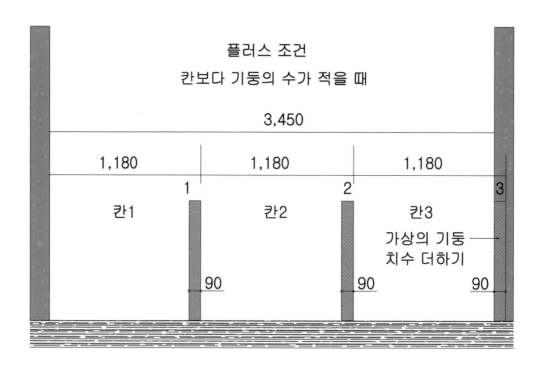

그럼 벽에 줄자를 붙이고 위에 나온 치수를 표기한다.

기둥의 설치 위치는 1180mm에서 -90mm인 1090mm 사이에 설치하면 되고, 나머지 기둥들도 표기점에서 시작점 방향으로 설치한다면 칸의 간격은 일정한 숫자인 1180mm일 것이다.

제로 조건은 한쪽이 벽면이고 벽면에 기둥이 없으며 난간대로 끝나는 경우가 제로 조건이다.

이때는 기둥(소재)의 두께를 더하거나 뺄 필요가 없다.

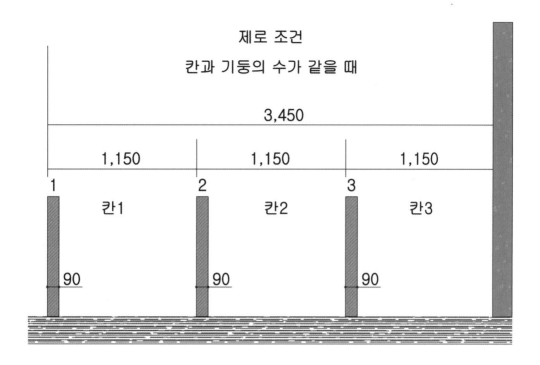

제로 조건
칸과 기둥의 수가 같을 때

3,450

1,150   1,150   1,150

1   2   3

칸1   칸2   칸3

90   90   90

- 조건은 양쪽이 기둥으로 끝나는 경우다. 이때는 칸의 숫자보다 기둥의 수가 하나 더 많아서 기둥의 두께를 빼고 나누면 된다.

- 조건의 예에서 양쪽에 기둥이 설치된다면 3450mm−90mm를 하면 3360mm다. 이 값을 칸의 수 3으로 나누면 1120mm가 나온다.

이 숫자를 계산기에 입력하고 + + = = = =을 누르면, 1120, 2240, 3360mm 가 나온다. − 조건에서는 시작점 1120mm+90mm 사이가 기둥 설치 장소가 된다.

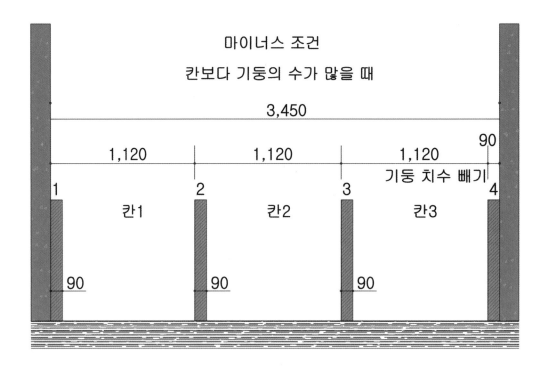

이 방법은 알판(패널)의 작업에도 많이 사용하는 방법으로 알판의 작업에는 소재가 아닌 메지 (공간)를 +, −로 계산하면 되고 코펜하겐 작업에 사용한다면 정말 빠르고 정확하게 작업할 수 있다.

이 방법의 간단한 설명은 칸의 개수와 기둥의 개수를 똑같은 수로 만들어 나누면 되는 것이 다.

6 원뿔과 공식

원뿔은 삼각함수 중 삼각비 공식을 알면 쉽게 작업할 수 있다.

원뿔은 자주 하는 작업은 아니지만, 가끔 붙박이 의자나 카운터와 카운터 상부의 등박스, 기둥 감싸기, 경사면의 슬럼프 등에 사용하기도 한다.

내장 목수가 사용할 삼각비는 아주 쉬운 공식이다.

그림에서 원뿔을 만드는 첫 번째 공식은 (A×b)=(a×B)로 조금 더 쉽게 (긴 짤)=(긴 짤)로 외우면 쉽다.

모양이 같은 직각삼각형에서 (세로 긴 선 B×가로 짧은 선 a)=(가로 긴 선 A× 세로 짧은 b)는 같기 때문이다.

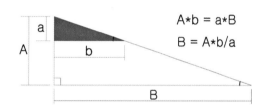

그림에서처럼 예를 들어 천장에 원뿔 등박스를 설치하려고 한다.

천장에서 300mm를 내리고 상부의 반지름값이 500mm 하부의 반지름은 400mm로 원뿔 모양의 등박스라고 한다면 원뿔의 꼭짓점을 먼저 계산해야 한다.

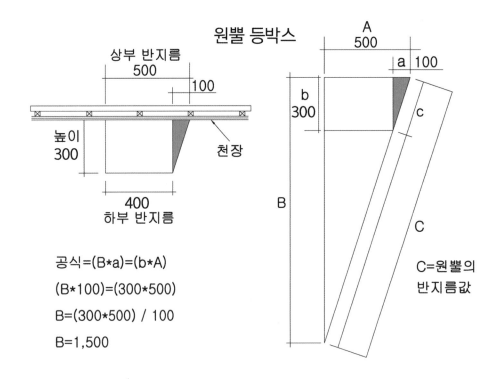

원뿔 등박스

상부 반지름
500

100

높이
300

천장

400
하부 반지름

공식=(B*a)=(b*A)

(B*100)=(300*500)

B=(300*500) / 100

B=1,500

A
500

a 100

b
300

c

B

C

C=원뿔의
반지름값

4개의 숫자 중에서 하나를 모르면 사용하는 공식으로 위에 그림으로 계산해 보면 B= (500× 300)/100 즉, B= 1500이다.

B를 구하는 이유는 대각선의 길이를 구하기 위해서고, 대각선을 구하는 피타고라스 공식은 $C= \sqrt{(A^2+B^2)}$이다.

원뿔에서 대각선의 길이를 구하는 이유는 대각선의 길이가 원뿔을 감쌀 판재의 반지름값이기 때문이다.

원뿔의 반지름값을 구하는 공식 $C= \sqrt{(A^2+B^2)}$이므로 대입해 보면 아래처럼 구할 수 있다.

원뿔의 가공 전계도

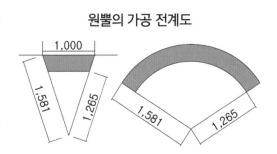

1,000

1,581

1,265

1,581

1,265

C= √ (500²+1500²) 큰 원의 반지름= 1581.1388mm

c= √ (100²+300²)= 316.2277mm

C-c= 1581.1388mm−316.2277mm= 1264.9111

원뿔 공식을 사용한 작업 사진

그럼 원뿔을 감싸는 판재의 외부 반지름은 1581mm며 원뿔을 감싸는 판재의 하부 반지름은 1265mm다.

또 이 공식과 원뿔을 사용할 수 있는 방법은 현장의 크기보다 더 큰 원을 그릴 때도 사용할 수 있다.

작업할 원의 반지름이 10000mm라면 작은 현장에서는 바로 작업이 불가능하다. 이때 사용할 수 있는 방법이다.

공식으로 계산하면 반지름값 10000과 앞의 원의 반지름값을 정하고 계산하면 된다.

그럼 현장에서 그려야 할 반지름이 10000mm, 앞에 큰 원의 반지름을 250mm라 하고 작은 원과의 거리를 500mm라 하면 (긴 짤)=(긴 짤) 공식으로 계산하면 된다.

$(10000 \times x)=(500 \times 250)$, $x=(500 \times 500)/10000$ $x=12.5$다. 그럼 250-12.5=237.5mm가 작은 원의 반지름값이다.

그럼 큰 원과 작은 원으로 원통을 만들어서 굴리면 반지름이 10000mm에 가장 가까운 원을 그릴 수 있다.

큰 원을 그리는 방법

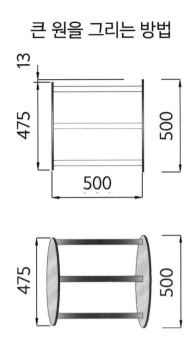

여기서 중요한 점을 하나 알고 가자. 만약, 판재 9mm로 굴려야 하는 원형의 발통을 작업했다면 원통의 전체 길이는 509mm가 돼야 한다.

이유는 바닥면에 접하는 두 개의 판재의 원이 원의 꼭짓점 쪽으로 바닥면이 접하기 때문이다.

이 방법은 오차가 많을 수 있는 작업이지만, 그래도 현장에서 작업할 원의 반지름값에 가장 근접할 수 있는 작업 방법이다.

여기까지가 내장 목수들이 사용하는 일반적인 공식들이다. 몇 가지 안 되는 공식이라 암기하고 다니면서 작업 현장에서 필요한 경우에 항상 사용할 수 있어야 하지 않을까 한다.

다음 작업과 기술에서는 공식을 현장에서 어떻게 응용하고 사용하는지 알아보자.

그러나 내장 목수의 모든 작업을 책 한 권에 정리한다는 건 불가능한 일이라 생각하며, 내장 목수의 작업 중 가장 일반적이고 기본이라고 생각하는 작업의 요점만을 정리하고자 한다.

4 작업과 기술

내장 목수의 작업은 작업 내용이 비슷하고 반복적이며 자재도 내외장재로 같이 사용하는 자재도 많아서 같은 기술을 다른 작업에서도 사용하는 경우가 매우 많다.

또한, 내장 목수의 작업은 비슷하지만, 전혀 다른 작업인 경우도 아주 많아 모든 작업은 기본적인 기술을 바탕으로 한 응용 작업이라고도 할 수 있다. 그래서 내장 목수의 작업과 방법에 정답은 없다.

작업과 관련하여 한 가지를 알아도 정확하게 알고 숙달한 상태라면 훨씬 더 많은 작업을 할 수도 있고 내장 목수로 인정받을 수도 있다. 그럼 먹 작업부터 하나씩 확인해 보자.

1 먹 작업

먹 작업이란, 도면에 표기된 각각의 공간에 칸막이나 문틀 등을 설치 장소(현장)를 바닥면에 직접 표기하여 최종 점검을 하는 작업이며, 인테리어 목공 작업의 시작이라고도 할 수 있다.

1. 기준 먹(오야 먹)

기준 먹이란, 모든 칸막이와 문틀의 위치 및 크기 등을 바닥면에 먹줄로 그릴 때 기준으로 삼는 먹줄을 말한다.

기준 먹은 '+' 자로 두 줄을 칠 수도 있고 '井' 자로 네 줄도 칠 수 있다. 현장의 크기나 여건에 따라서 두 줄 또는 여러 줄을 쳐도 관계없다.

기준 먹은 사선이 아닌 이상 건물의 가로 또는 세로 중 조금이라도 긴 쪽을 기준으로 미터 단위로 작업하는 것이 좋다.

현장이 작은 경우에는 기준 먹의 단위를 1~5m 중 선택하면 되고, 큰 현장일 경우에는 5m 단위로 먹을 치면 좋다.

기준 먹줄을 치고 나면 먹줄을 기준으로 90° 줄을 치면 된다.

예전에는 합판 또는 석고 보드로 90°를 잡기도 하고 삼각함수 3, 4, 5를 가지고 90°(오가내) 먹줄 작업을 했지만, 지금은 레이저 레벨기로 간단하게 90° 작업을 하면 된다.

하지만 외부에서 레이저를 사용하다 보면 햇빛에 레이저 빛이 보이지 않을 때도 있고 레이저 고장 등으로 90° 먹 작업이 어려울 수도 있다. 그럴 때 이 방법을 사용하면 되겠다.

① 가끔은 필요한 먹줄에 90도 잡는 방법 3, 4, 5
먼저 기준 벽에서 미터 단위로 띄고 먹줄 1을 친다. 먹줄 1에서 3000을 띄고 먹줄 1과 평행하게 먹줄 2를 친다.

기준 먹 작업 1
계산: $\sqrt{(3{,}000*3{,}000)+(4{,}000*4{,}000)}=5{,}000$

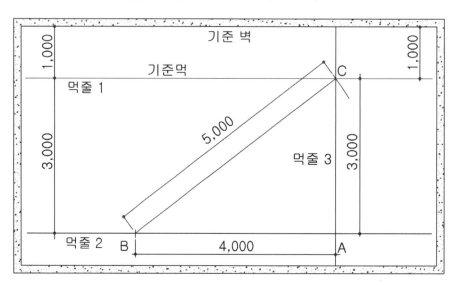

먹줄 2에서 임의의 점 A를 표기하고 A점으로부터 먹줄 2의 선상에 4m를 띄고 점 B를 표기한다.

표기한 점 B에서 반지름(사선) 5000mm의 원과 먹줄 1과 만나는 교차점 C를 표기하고 그 교차점 C점과 먹줄 2의 B점을 연결하면 직각이다.

② 가장 간단한 계산 방법 √2

먼저 기준 벽에서 미터 단위로 띄고 먹줄 1을 친다. 먹줄 1에서 3m를 띄고 평행하게 먹줄 2를 친다.

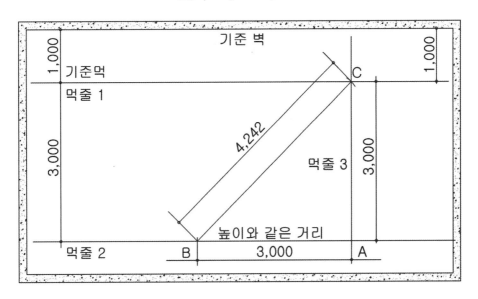

기준 먹 작업 2

계산: $\sqrt{2*3{,}000}=4{,}242.64$

먹줄 2에서 임의에 점 A를 표기하고 A점으로부터 먹줄 2의 선상에 높이와 같은 길이 3m에 점 B를 표기한다.

삼각함수는 가로와 세로의 길이가 같은 치수라면 거리×√2= 대각선의 길이이다.

계산기로 3×√2= 4242.64가 나오면 표기점 B에서 반지름 4243(반올림)mm의 원과 먹줄 1과 만나는 교차점 C를 표기하고 그 교차점 C점과 먹줄 2의 B점을 연결하면 직각이다.

그림에서 간격 높이 3m와 동일한 A, B의 직각은 피타고라스 공식을 이용하는 방법으로 √(3×3×2) 또는 √(3×3)+(3×3)으로 계산할 수도 있다.

하지만 √2×3000으로 계산하는 게 매우 간편하다.

높이(가로)와 간격(세로)이 같은 경우라면 (높이나 간격)×√2로 계 산하면 매우 간단하고 '√2= 1.4142'라는 값을 외우고 있으면 더욱 편하다.

위에 예를 다시 들면 √2= 1.4142135로 1.4142×3= 4242.64가 나온다.

기준 먹 작업 3

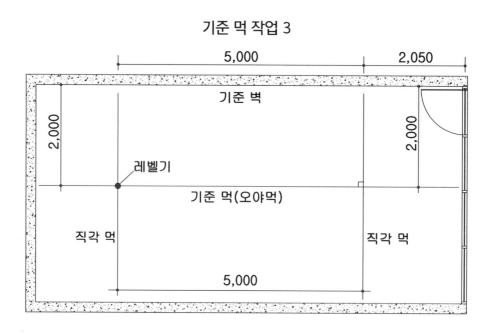

레이저가 정상이라면 레이저로 작업하면 된다.

레이저는 먹줄의 중간(또는 미터 단위로 표시한 점)에 레이저 하부의 점을 선에 맞추고 수직 레이저 빛을 먹줄에 맞춘다.

교차한 레이저 선의 중심을 양쪽에 표시하고 교차하는 먹줄을 친다. 교차한 '+' 자 선도 한 줄 또는 여러 줄을 쳐도 현장의 작업 여건에 필요하다면 작업하는 것이 좋고 교차하는 선 또한 미터 단위로 작업하는 것이 좋다.

2. 바닥 먹(칸막이 및 벽체 먹)

기준 먹 작업이 끝났으면 칸막이, 출입구, 벽체 등 설치 작업을 위한 먹을 쳐야 한다. 이때 칸막이 먹은 현장에 설치되는 칸막이의 구조(속재)재 규격을 기준으로 삼는다.

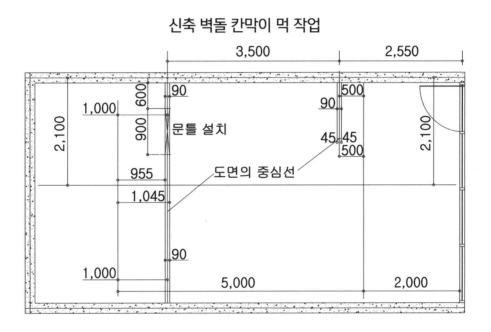

신축 벽돌 칸막이 먹 작업

일반 시멘트 벽돌을 기준으로 본다면 57×90×190이다. 벽돌을 0.5B 쌓으면 90mm, 1.0B라면 190mm다. 그럼 건축 도면에 표기는 대부분 벽체의 중심선을 기준으로 도면을 작성한다.

그럼 중심선 3500mm 0.5B라면, 3500(±45mm) 3455mm와 3545mm로 표기하고 먹줄을 작업하면 된다. 이때 기준 먹과 가까운 치수를 확인하고 기준 먹에서 치수를 표기한다.

내장 목수의 현장에서 작업하다 보면 다양한 자재로 목공 작업을 하기에 설치할 위치의 자재를 먼저 확인하자.

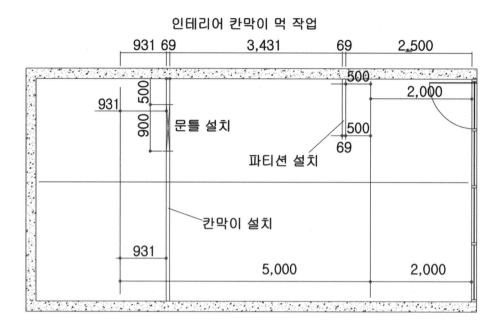

인테리어 칸막이 먹 작업

건식 벽체라면 제일 먼저 설치할 각재 투 바이 또는 경량 런너의 규격을 확인하고 먹 작업을 한다.

이때 주의할 점은 최종 마감의 두께와 위치를 꼭 다시 한번 확인하는 것이 좋다.

3. 고시 먹(레벨 먹)

천장, 등박스 및 기포, 방통 등 바닥 마감의 위치를 정하는 기준이 되는 먹이다.

주택에서 고시 먹의 기준은 거실 창 하부에서 방통의 설치 높이를 기준으로 할 때가 많고 상가는 출입구 힌지를 기준으로 하는 경우가 많다.

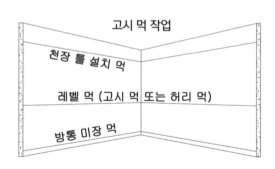

고시 먹 작업

천장 틀 설치 먹

레벨 먹 (고시 먹 또는 허리 먹)

방통 미장 먹

하지만 아무것도 설치가 안 돼 있다면, 바닥의 마감 작업 최종 두께를 기준으로 먹줄을 설치해야 한다.

이때 콘크리트 바닥 레벨이 많은 오차가 있을 수도 있다.

바닥면 마감재
방통 및 엑셀
기포, 단열재 및 층간 소음재
바탕면
방통 먹
기포 먹

이런 경우가 생긴다면 내부의 문틀을 설치할 수 있는 높이를 기준으로 하스리 작업을 최소로 할 수 있는 높이로 현장 책임자와 상의 후 먹을 치는 것이 현명하다.

4. 기포 및 방통 먹

기포 및 방통 먹은 방바닥 미장 작업을 위한 먹이다.

바닥 미장의 마감 높이는 층간 소음재, 스티로폼, 기포 콘크리트, 자갈 등 내부 소재와 보일러 온돌 배관, 방통(방바닥 미장)으로 이루어지며 장판, 마루, 타일 등 마감 자재로 바닥 마감이 형성된다.

보통 현장에서는 방통 먹만 작업하지만, 기포 먹도 작업을 요구하는 현장 소장이 간혹 있다.

방통의 두께는 특별한 경우를 빼고 40mm로 하면 된다.

5. 천장 먹

천장의 높이, 등박스, 설치 위치 및 높이 등을 작업하면서 치는 먹줄을 말한다. 보통은 고시 먹에서 천장 각재의 설치 위치에 작업하므로 마감 두께를 더하여 계산해야 한다.

예를 들어 천장 높이가 고시 먹 기준 1200mm라고 한다면 천장 마감 자재에 따라 달라진다.

일반적으로 9.5mm 석고 보드 두 번 치기(2py) 석고 보드 두 두께를 더해 1220mm에 먹 작업을 한다. "왜 1mm 가 더 올라가나요?"라고 한다면 그냥 허용 오차 때문이라고 생각하면 되겠다.

가구의 제작이나 미세한 작업이 아닌 이상 허용 오차는 ±1mm라고 생각해야 정신 건강에 도움이 된다.

6. 기타 작업 먹

대부분 현장 설치 작업에서 위치를 정하고 작업을 하기 위해서는 기본으로 먹 작업을 한다.

이 작업은 현장의 상황에 따라 그때그때 작업을 해야 하기에 따로 설명하기는 어렵다.

여기서 중요한 건 먹줄 작업 시 처음에 설치될 속 자재의 규격을 기준으로 먹 작업을 해야 한다. 더 이상의 설명은 어렵다. 경험이 곧 스승이다.

2 마루 및 데크 작업

마루는 우물마루, 장마루, 골마루가 있다.

우물마루는 한옥 및 정자의 전통 한옥의 마루 작업에 많이 시공한다.

골을 파고 마루 문을 만들고 쐐기를 박고 복잡하다. 궁금하면 한옥 정자 마루 밑에 들어가서 한번 보면 안다. 내장 목수반장이라면 알고는 있어야겠지만 꼭 알아야 하는 건 아니다.

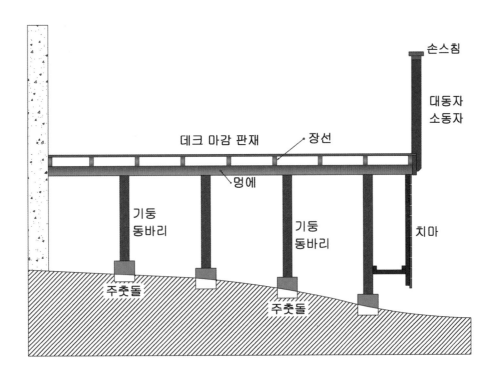

장마루는 주춧돌, 동발이, 멍에, 장선, 마감판으로 구성되며, 벽체와 천장 작업에 그대로 적용되는 경우가 많아서 해서 꼭 숙지하는 것이 좋다.

골마루는 학교의 교실에 설치한 마루로 마감판이 플로어링이라고 생각하면 된다.

1. 바닥 구조 틀 작업

장마루(이하 마루) 구조 틀 작업은 내부와 외부의 자연환경에 따라서 아주 큰 차이가 있다.

건축 자재의 발달로 내부에서 마루의 구조 틀을 작업하는 방법과 소재는 아주 많다. 하지만 외부에서의 데크의 구조 틀 작업이라면 사용할 수 있는 자재가 그리 많지 않다.

외부에서 사용할 수 있는 마루(데크)의 구조 틀 작업은 일반 방부목과 도금 각 파이프뿐이라고 생각한다.

① 외부 방부목 마루(데크)틀 설치
방부목은 원목에 화학적 방부 처리를 하여 습기와 해충에 강하게 만든 나무로 외부 작업용이다.

방부목은 주로 외부 데크 작업에 사용하며, 실내에서 사용은 안 하는 게 좋다.

구조 틀에 자주 사용하는 방부목의 규격은 아래 표기한 정도이며, 방부목은 기성품으로 쉽게 구할 수 있다.

38×38×3600	90×90×3600
38×89×3600/4200/4800	120×120×3600 클로버
38×140×3600/4200/4800	140×140×3600 클로버
38×184×3600/4200/4800	102×152×3600/4200/4800
38×235×3600/4200/4800	152×152×3600
38×285×3600/4200/4800	

외부 데크(마루)의 구조 틀은 방부 목재의 기성품으로 작업하는 것이 좋다. 원목을 원하는 치수(규격)로 제재를 하여 방부 처리를 하고 사용한다면 비용과 시간이 아주 많이 필요하다.

외부에 데크를 설치하려면 데크의 기둥(동바리)을 설치할 장소에 주춧돌의 위치를 표기해야 한다.

주춧돌의 간격은 동바리 설치 위치와 같기에 900×900mm 이내로 설치하길 권한다.

이유는 우리나라의 기성 목재 규격이 12자(3600mm)가 주를 이루기 때문이다. 위치를 잡았다면 주춧돌을 설치해야 한다.

주춧돌은 기성품으로 판매하는 것도 있고, 만들어 사용하기도 하며, 자연석을 사용하기도 한다.

그러나 기성품으로 설치하는 것이 만들거나 자연석을 설치하는 것보다는 작업이 빠르고 쉽다.

만약 흙 위에 주춧돌을 설치하려면 땅에 주춧돌을 심어야 한다.

주춧돌을 심을 위치에 땅을 파고 주춧돌을 넣고 물을 주고 큰 망치로 두드려 충분한 침하 작업을 해서 더는 주춧돌에 침하가 생기지 않도록 해야 한다.

만약 물골이 생긴 장소에 주춧돌을 설치해야 한다면 그곳에는 흙이나 레미탈, 콘크리트 등으로 돋움 작업을 해서 물길을 돌려야 한다.

비가 와서 주춧돌 하부에 흙을 파 버린다면 경우에 따라 거꾸로 주춧돌이 마루에 매달리게 되고, 그럼 마루가 출렁거리고, 심하면 부서질 수도 있다.

이는 항상 기초가 튼튼해야 한다고 말하지만, 하자가 발생할 가능성도 미리 방지해 작업해야 하는 이유이다.

또, 바닥이 콘크리트나 보도블록, 시멘트 등 침하가 생기지 않는 곳이라 해도 주춧돌을 설치하는 것이 좋다.

방부 목재를 바닥면에 바로 설치한다면 습기로 인해 마루 기둥(동바리) 하부를 썩게 만들어 데크의 사용 연한을 많이 줄일 수도 있다. 물기가 있고 시간이 지나면 방부목도 썩는다.

주춧돌을 설치했다면 기둥(동바리)을 설치하자.

기둥을 설치하기 전에 마감재가 끝나는 설치 높이를 확인하고 **마감재+장선+멍에**의 총 두께를 더하여 마감재가 끝나는 위치에서 더한 치수를 빼고 표기를 한 후 레이저를 표기한 위치에 맞춘다.

기둥은 하나씩 번호를 써 가며 주춧돌 위에서 수직으로 세우고 레이저 선에 맞춰 표기하고 절단한다. 절단한 기둥을 번호에 맞춰 설치하고 멍에를 기둥 위에 올려 설치한다.
간혹 멍에 설치 작업을 빠르게 한다고 멍에를 기둥에 붙여 시공하는 사람도 있다. 기술자라면 뒤가 구린 일은 하지 말자.

기둥 측면에 멍에를 붙여 설치하면 못이 빠지거나 나무에 유격이 생겨 하자가 발생한다. 꼭 멍에 위에 기둥을 올려 설치하길 바란다.

기둥(동바리)의 높이가 600mm 이상이라면 방부목(38×38) 각재로 기둥과 기둥을 트러스(삼각형) 구조로 엮어 주길 바란다. 기둥의 길이(높이)가 길수록 튼튼하고 안전한 작업을 위한 방법이다. 현장에서는 이를 기리바리라고 한다.

기둥의 위로 멍에를 설치했다면 장선을 설치해야 한다. 장선은 장선 위에 설치되는 마감재의 두께와 길이 강도에 따라서 그 간격을 달리한다. 장선의 설치 간격은 매우 중요하다.

데크재가 얇은데 장선의 간격이 넓으면 데크재(마루판)가 부러져 사람이 다칠 수도 있기 때문이다.

나는 이렇게 한다.

데크재 두께에 따른 장선의 간격

15	300 300 300	멍에	데크재 15mm 에 장선 설치 간격은 350mm
19	350 400	멍에	데크제 18,19mm 에 장선 설치 간격은 350~400mm
21	400 450	멍에	데크재 21mm 에 장선 설치 간격은 400~450mm
25	450 500	멍에	데크제 24, 25mm 에 장선 설치 간격은 450~500mm

데크재 두께가 15mm= 300mm, 두께가 18, 19mm= 350~400mm, 두께가 21mm= 400~450mm, 두께가 24, 25mm= 450~500mm, 장선은 최대 500mm 이상 간격은 시공하지 않는다.

마감재 두께를 확인했다면, 장선을 설치하고 마감재를 작업하면 끝난다.

마감재(데크)는 설치할 데크 판재의 목질에 따라서 설치 간격을 달리해야 한다.

목재는 온도에 의한 변형보다 습도에 의한 변형이 심하기 때문이다.

일반 방부목 마루판이라면 건조 상태에 따라서 데크재끼리 붙여 가면서 시공한다. 설치할 방부목이 많이 건조하면 약 1~2mm 정도 띄고 작업하면 된다.

천연 방부목과 합성목 데크재라면 수종에 따라서 3mm에서 최대 6mm까지도 띄고 설치해야 한다.

② 실내에서 마루 틀 설치하는 방법

실내에서 마루를 설치할 때는 해결해야 할 많은 문제점이 발생할 수도 있다.

먼저 출입구에 위치 및 높이, 천장의 높이, 창문의 높이 등 마루를 설치할 때 이런저런 간섭이 많다. 그래서 시공하는 디자인도 설치 방법도 많이 달라진다.

그럼 일단 마루를 설치할 방법부터 알아보자.

온돌마루, 강마루는 시공할 바닥면에 본드를 바르고 바로 시공하거나 바닥의 수평이 기존 바닥의 수평을 따라 설치된다. 마루의 수평을 잡기 위해서는 수평 몰탈 작업을 해야 하고 바닥면이 충분하게 건조해야만 온돌마루, 강마루를 설치할 수 있다.

강화마루는 바닥면과 마루 사이에 단열재를 깔고 그 위에 강화마루를 설치하는 방법이다. 이 또한 수평을 잡기 위해서는 수평 몰탈 작업을 해야 한다.

내장 목수들은 온돌, 강화, 강마루 작업은 하지 않는다. 그럼 가장 낮은 마루 설치 방법부터 하나씩 알아보자.

③ 가장 낮은 포터블 마루 틀 설치

온돌마루, 강화마루, 강마루 다음으로 가장 낮게 그리고 바닥면의 수평을 맞춰 시공하는 방법은 포터블 마루 틀 설치(시공) 방법뿐이다.

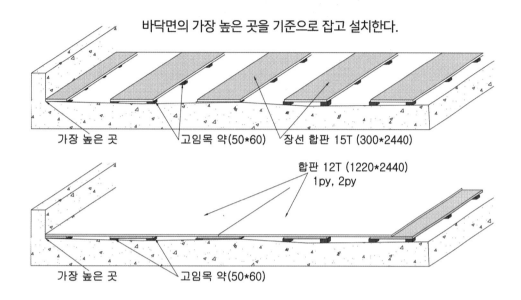

바닥면의 가장 높은 곳을 기준으로 잡고 설치한다.

가장 높은 곳 / 고임목 약(50*60) / 장선 합판 15T (300*2440)

합판 12T (1220*2440) 1py, 2py

가장 높은 곳 / 고임목 약(50*60)

이 방법은 최소 15mm 이상의 합판(이하: 장선 합판)을 300×2440mm로 절단하여 가장 높은 바닥면을 기준으로 수평이 되게 설치하는 방법이다.

레이저 레벨기를 켜고 바닥면에 가장 높은 곳을 기준으로 15mm 장선 합판을 설치하고 낮은 (깊은) 곳에는 고임목 합판(딱지)을 305×305mm 간격으로 설치하고 15mm 장선 합판을 설치해 가면 된다.

장선 합판 위에 9mm 또는 12mm 온장 합판이 깔기 시작하는 곳에는 장선 합판을 절반으로 잘라서(15×150×2440mm) 먼저 시공하고 장선 합판 사이를 310mm씩 띄어 장선 합판을 설치한다. 합판을 310mm씩 띄는 이유는 우리나라 합판의 규격이 1220×2440mm 이기 때문이다.

실내에서 마루 작업 시에는 장선 위에 대부분 합판을 깔고 합판 위에 마감재(장판, PVC, 타일, 플로어링)를 다시 작업하는 경우가 대부분이다.

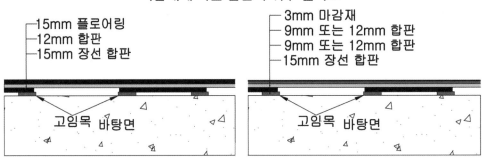

마감재에 따른 합판의 취부 설치도

합판은 두께 9mm, 12mm 합판을 한 번 깔기(1py) 또는 두 번 깔기(2py)를 한다. 이는 합판 위에 마감재에 종류에 따라서 달라진다.

예를 들어 PVC 타일 3mm를 합판 마루 위에 마감 작업으로 한다면 마루를 설치할 곳에 베이스 시멘트 바닥의 최고 높은 곳을 기준으로 하여 장선 합판 15mm, 일반 합판 9mm 또는 12mm로 2py 마감 후 PVC 타일 3mm (15+9+9+3) 합계 36mm, 39mm, 42mm 두께로 마루를 수평에 맞게 설치 작업이 가능하다.

다시 한번 예를 들어 설명하자면 마루 플로어링 15mm로 마감한다면 장선 합판+합판 12mm 1py+플로어링 15mm로 (15+12+15)= 42mm 두께로 마루를 바탕면의 가장 높은 곳을 기준으로 수평에 맞게 설치 마감할 수도 있다.

장판 또는 PVC, 타일 등 마감재의 강도가 약한 경우에는 2py로 플로어링 원목 마루 또는 합판 마루 등 강도가 있는 마감재일 경우 1py로도 합판을 깔 수 있다. 하지만 합판은 2py를 기본으로 설치하는 걸 추천한다.

④ 장선 바로 설치하기

이 방법은 다루기나 투 바이를 마루가 설치될 장소에 장선으로 바로 설치하는 방법으로, 마루의 설치 높이에 따라서 다루기 또는 투 바이 등을 사용하면 된다.

이 방법에도 고임목(합판 또는 각재) 작업이 필요하며 설치할 장선의 규격과 장선 위에 합판과
마감재에 따라서 장선의 간격(305mm, 407mm)과 고임목(딱지)의 간격을 목수반장이 판단하
고 결정해야 한다.

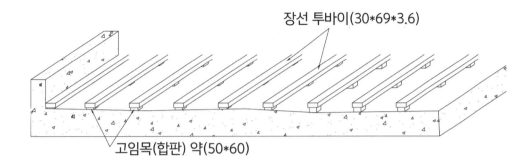

장선 투바이(30*69*3.6)

고임목(합판) 약(50*60)

고임목을 많이 설치하면 인건비가 많이 들고, 너무 적으면 하자가 발생할 수 있기 때문이다.

⑤ 멍에 바로 설치하기

멍에를 기존 바닥면에 바로 설치 후 장선을 설치하고 합판이나 마감재를 설치하는 방법이다.

멍에는 장선의 규격에 따라 간격이 달라진다.

일반적으로 내부 마루 공사에 많이 사용하는 투 바이(30×69mm)라면 멍에의 간격은
800mm를 넘지 말아야 하고 구조목 투 바이라도 900mm를 넘지 않는 것이 좋다.

최근 실내에 마루를 설치할 때는 각재만으
로 멍에를 설치하기보다는 합판과 각재를
사용한 멍에를 더 많이 설치하고 있다.

또한, 실내에 설치하는 마루는 높이가 낮은
경우가 많아 동바리를 설치하기보다 합판
과 각재를 사용한 마루 설치를 더 많이 하고
하자도 적다.

마루에는 한 번에 많은 사람이 올라갈 수도 있고 무거운 물건을 올려 두기도 하며 무거운 짐이 올라갈 수도 있어서 멍에의 설치 간격이 매우 중요하다.

2. 마루 마감재 (실내)

마루의 마감 자재는 PVC 등 다양하지만 내장 목수의 작업이기에 목재의 수종에 따라서 목재의 내부용(플로어링) 자재와 외부용(데크재) 자재만 이야기하자.

그럼 마루용 마감재를 내부용과 외부용으로 나눠 보자.

먼저 내부용 마루는 습기와 햇빛에 노출이 적어서 사용할 수 있는 자재가 매우 많다.

다만, 화학적 방부 처리를 한 일반 방부목은 친환경 방부제를 사용한 제품이라도 실내에 사용하면 피부와 직접 접촉할 가능성이 있으므로 방부 처리를 한 방부 목재는 실내에서 사용을 자제하는 것이 좋다.

① 플로어링(Flooring), 후로링
실내에서 마루란 곧 플로어링(Flooring)을 말한다.

플로어링은 나무 판재 측면에 돌출과 홈을 만들어 연결할 수 있게 한 골마루로, 주로 강도가 좋은 목재로 만들어지며 학교의 교실, 체육관 등에 설치하여 사용한다.

플로어링에 사용되는 마감재 종류는 상당히 많으며, 새로운 목재와 소재가 계속 개발되고 있다. 고급 수종의 플로어링이라면 중고품을 판매하는 곳도 있고 원하는 수종의 목재 및 인공 판재로 주문생산할 수도 있다.

플로어링의 대표 수종으로는 라왕, 오크(참나무), 단풍나무(메이플), 티크, 멀바우, 버치, 비치, 쏘노클링, 켐파스, 페라, 자작, 낙엽송, 아카시아, 퀴링 등이 있다.

② 플로어링 설치 시 주의 사항

플로어링은 시공하는 장소에 따라 시공 방법이 조금씩 달라진다.

장소가 지하이며, 습한 경우에는 설치를 안 하는 게 좋지만, 꼭 설치해야 한다면 통풍구를 충분하게 만들어야 한다. 플로어링의 설치 간격도 개당 1mm씩 띄고 설치해야 하자가 발생하는 것을 줄일 수 있다.

또, 설치할 면적에 따라 다르겠지만 지하일 경우 4면의 벽에서 벽까지의 길이에 1m당 약 2mm 정도를 계산하여 4면의 벽에서 띄고 설치하길 바란다.

예를 들면, 가로가 3m 세로가 4m인 공간이라면 가로는 양쪽의 벽면에서 6mm 이상 세로 방향은 8mm 이상 띄고 설치해야 한다.

이를 무시하고 설치한 후에 만약 하자가 발생한다면 마루 전체를 철거하고 다시 설치해야 할 수도 있다. 마루의 바닥면 곳곳에 마치 바가지를 뒤집어 놓은 것처럼 돌출되며 한번 발생한 하자는 수정이 불가능하기 때문이다.

지상층이라 하더라도 바닥면이 습하다면 지하와 같은 방법으로 설치해야 한다.

지상층 이상에 플로어링을 설치하려면, 햇빛이 얼마나 들어오느냐에 따라 조금 다르겠지만 많은 양의 빛이 안 들어온다면 크게 걱정할 문제는 아니다.

지상층에 마루를 설치하더라도 벽면에서 띄고 설치해야 한다.

지하만큼은 아니더라도 1m당 1mm로 계산한다면 적당하다고 본다. 또한, 플로어링은 현장 여건에 따라서 세 장 또는 다섯 장마다 1mm 정도를 띄고 설치하는 것이 좋다.

플로어링을 시공할 때 돌출된 곳이 못 또는 타카핀을 박는 곳이다. 간혹 목수들이 착각해서 홈이 파인 곳에 타카핀을 박는 때도 있다.

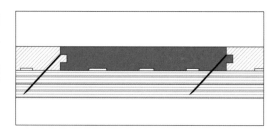

플로어링은 돌출된 곳의 상부 모서리에 30~45°로 못을 박고 펀치로 못 머리를 두드려 목재 속으로 들어가게 박아야 한다.

타카로 플로어링을 시공할 때 타카핀의 머리가 남지 않도록 신경 써서 박아야 한다.

플로어링은 설치하는 방법과 설치 후 모양에 따라 사용하는 용어도 다르며 시공비도 많은 차이가 있다.

마루를 설치 후에 생긴 모양에 따라서 장마루, 쪽마루, 헤링본, 쉐브론 등으로 불린다.

③ 장마루

장마루는 모든 마루 및 데크 작업에서 가장 많이 설치하는 마루로 마루재의 규격에 따라서 설치하는 인건비 차이가 크게 난다.

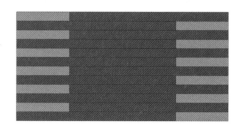

예를 들어, 플로어링 규격이 60×3600mm 10개 설치하는 시간이나 120×3600mm 10개 설치하는 시간은 비슷하지만, 설치 면적의 차이는 두 배가 되기 때문이다.

④ 쪽마루

쪽마루는 길이가 짧고 다양한 길이의 플로어링 또
는 판재를 설치하는 방법으로 솔리드 집성판의 모
양과 비슷하며, 작업에 필요한 시간은 장마루보다
더 많은 시간이 소요된다.

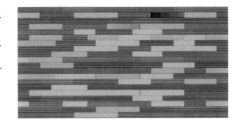

⑤ 쉐브론

쉐브론은 양쪽 끝이 사선이며 사선끼리 마주 보게
설치하는 방법으로 W 모양이다.

목수가 현장에서 가공 설치하는 경우는 거의 없다.

설치 인건비 또한 장마루와 비교하면 매우 많이 들어간다고 할 수 있다.

⑥ 헤링본

헤링본은 양 끝이 직각이며 긴 면과 짧은 면이 서
로 마주 보게 설치하는 방법이다.

쉐브론보다는 조금 편하지만, 시공 인건비는 비슷
하며 헤링본 또한 내장 목수가 현장에서 시공하는
경우는 거의 없다.

3. 데크 마감재(외부)

외부는 자연환경의 변화가 심하여 자재의 선택은 신중해야 한다.

눈과 비, 직사광선 그리고 여름과 겨울의 온도 차를 견뎌야 하기 때문이다.

또한, 데크는 한번 설치하면 하자 보수에 많은 시간과 돈이 들어가며 사용하기 불편하고 건물의 외관이 보기 싫어지기 때문이다.

외부에 사용 가능한 목자재는 일반 방부목, 천연 방부목(하드목), 탄화목, 합성목, 카본목이 있다.

① 일반 방부목

일반 방부목은 주로 북양재(북미재)로 방부목은 S.P.F 등을 화학적 방부 처리를 하여 미생물의 서식을 차단하고 썩지 않게 한 목재다.

화학적 방부 처리를 한 방부목은 일반 목재보다 그 사용 연한을 3배 이상 늘린 제품이다.

하지만 아무리 방부 처리를 했다 하더라도 시공 후에는 곧바로 오일 스테인을 바르는 것이 좋으며, 시공 후 6개월 이내 한 번 더 바르고 그 후 일 년에 한 번씩은 꾸준하게 오일 스테인으로 관리해야 한다.

설치된 방부목에 오일 스테인으로 연 1회 주기적으로 관리해 준다면, 원래의 사용 연한보다 최소 3~5배 이상 더 사용할 수도 있다.

방부목은 친환경 제품도 나오고는 있지만, 난 개인적으로 해롭기는 마찬가지라고 생각한다.

방부목이 직접 피부와 접촉할 가능성이 큰 곳에는 사용하지 않기를 바라며, 작업 중에도 꼭 마스크를 착용하여 분진이 호흡기로 들어오는 걸 막아야 한다.
건강한 목수가 좋은 집을 짓는다.

② 천연 방부목(하드목)

천연 방부목이란, 인공적인 화공 약품 등을 전혀 사용하지 않은 목재들로 목재의 비중이 높고 매우 단단해서 화학적 방부 처리를 안 해도 습기와 충해로부터 조금 더 튼튼하고 안전하게 견딜 수 있는 목재들을 말한다.

하지만, 천연 방부목의 내구 수명이 수종에 따라서 10년에서 100년이라고 해도 설치 환경과 수종에 따라서 사용 연한은 많이 달라진다.

천연 방부목 데크의 설치 구조 틀은 도금된 각 관으로 멍에와 장선을 설치하는 것이 좋다. 이때, 장선의 간격은 500mm를 넘지 않게 설치해야 할 것이다.

목재로 멍에 및 장선을 설치할 경우라면 도금된 델타 피스 또는 스테인리스(SUS) 피스로 사용해야 하고 피스의 길이는 마감재 두께의 3배 이상으로 해야 한다.

예를 들면 19mm 마감재로 시공을 한다면 19×3= 57mm이고 판매하는 피스의 규격이 50mm 다음이 65mm다. 이 경우 65mm를 사용하는 것이 맞다(아연도 각 파이프는 45mm도 충분하다).

천연 방부목의 종류로는 방킬라이, 멀바우, 이페, 울린, 꾸메아, 캠파스, 큐링, 모말라(말라스), 마사란두바, 니아토, 부켈라, 쿠마루, 구찌, 바스라로커스, 진자우드, 카폴, 크루인, 시다 등이 있다.

4. 데크 난간대

데크 공사에서 난간대 작업은 일반 방부목
데크 공사에서 가장 많이 사용한다. 이유는
방부목 데크 같은 수종으로 통일감이 있기
때문이다.

천연 방부목이나 합성 데크재는 같은 소재
로 난간대 작업을 할 수 있는 제품이 그리
많지 않기 때문에, 일반 방부목이나 금속 등
으로 작업하는 경우가 많다.

① 데크 디자인

세로형 난간대

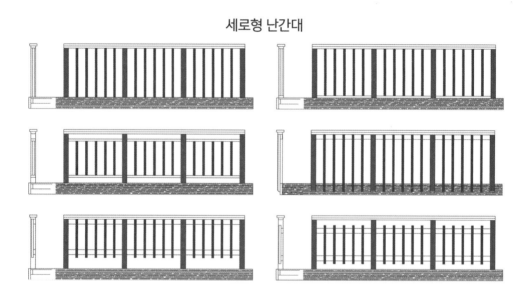

일반 방부목 데크의 난간대는 글로 설명하기 너무 어려워 그림으로 몇 가지 디자인해 봤다.

데크의 난간대는 대봉과 대봉 사이에 설치하는 소봉의 형태로 세로형과 가로형이 있고 이외
에도 사선형, 격자형, 창살형 등이 있다.

창살형 난간대

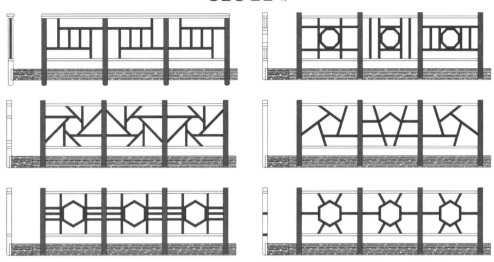

사선형 난간대

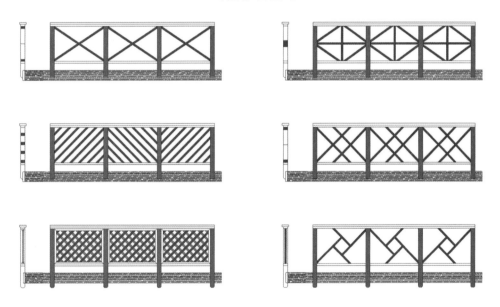

데크의 난간대 작업은 현장의 책임자나 건축주의 요구가 없는 이상 목수반장의 디자인으로
시공하는 경우가 대부분이다.

가로, 격자형 난간대

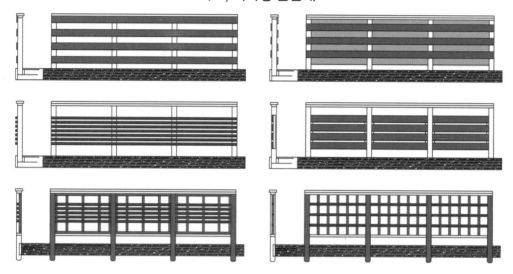

이때 가장 많이 사용하는 난간대 디자인 중 하나는 소봉을 가로와 세로로 작업하는 방법이다.

하지만 소봉을 목재가 아닌 밧줄, 원형 파이프 등 다양한 소재로도 작업이 가능하다.

② 데크의 대동자 가공 및 설치

데크의 기둥(대동자)을 가공하는 방법은 설치하고자 하는 곳의 바탕 소재와 설치 여건에 따라 달라질 수 있지만 크게 두 가지로 나눌 수 있다.

하나는 절단만 하면 되고 또 하나는 난간대로 사용할 목재 일부를 따내는 경우다.

난간대의 대봉를 설치하기 위해서는 설치하고자 하는 곳의 바닥면 소재와 설치 방법에 따라 기성품 대봉 설치 부속 철물을 사용할 수도 있고 주문 제작도 할 수 있다.

목재 난간대 설치 위치도

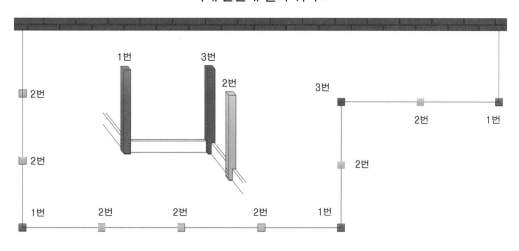

목재 난간대 가공도

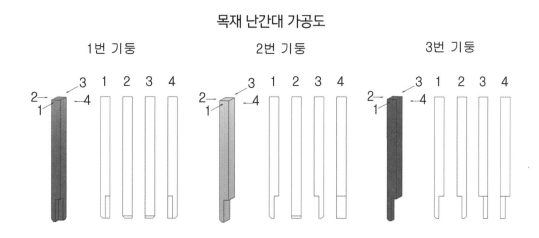

데크의 대봉을 설치할 때는 용접 및 세트 앙카, 못, 피스 등 다양한 철물들을 사용할 수 있다. 하지만 가장 중요한 건 현장의 여건과 상황에 맞춰 난간대를 얼마나 튼튼하게 설치할 수 있는가다.

그림을 보면 외부 코너는 1번 내부 코너는 3번 직선은 2번으로 등으로 가공할 위치의 번호를 붙여 각 각의 개수를 확인하고 가공하면 된다.

난간대 대봉의 가공이 끝났으면 설치를 해 보자.

가공한 난간대를 설치할 곳의 각각의 코너에 1번과 3번 대봉을 먼저 설치한다.

하부가 금속이라도 각 코너의 1번과 3번 위치에 먼저 설치하며, 이때 대봉 설치 위치의 하부 턱 바탕 소재가 앙카 등의 작업으로 손상되지 않을 만큼 외부로부터 내부 쪽으로 이동해 기본 구조물에 손상이 생기지 않도록 설치 작업을 해야 한다.

다음 2번 기둥을 설치하기 위해서는 먼저 설치한 1번과 3번 기둥들의 사이를 실측하고 분할의 조건에 맞게 나누고 설치하면 된다.

실측 방법은 기둥(대봉)의 숫자와 공간의 숫자를 같게 만들고 나누면 된다. 그림에서처럼 기둥이 4개고 공간을 3칸으로 나눈다면 기둥의 규격(두께) 하나를 빼면 기둥과 공간이 같아진다.

다시 말하자면 기둥이 2개고 공간이 3칸이라면 기둥의 규격(두께)을 더하면 기동과 공간의 숫자가 같아진다.

난간대 설치 그림에서 전체 길이가 3450mm고 기둥을 4개 설치하고 칸을 3칸으로 나누면 기둥의 규격(두께)을 하나만 빼면 기둥과 칸이 같아지므로 3450-90= 3360mm가 나온다. 이 숫자를 3으로 나누면 1120mm다.

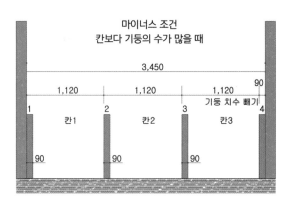

그럼 줄자를 벽면에 붙이고 설치할 길이
만큼 바닥에 놓고 줄자를 고정해 두고 위에 치수(1120mm)를 계산기에 + +입력하고 =을 누르면서 메모를 하고 표기하면 된다.

표기점에서 마지막 치수 90mm 확인하면 표기점으로부터 기둥이 설치되는 위치를 알 수 있다.

다시 한번 그림에서 전체 길이가 3450mm고 기둥을 2개 설치하고 칸을 3칸으로 나누면 기둥의 규격(두께)을 하나만 더하고 나누면 된다.

3,450+90= 3540mm이고 이를 3으로 나누면 1180mm다.

그럼 줄자를 편 후 치수(1180mm)를 계산기에 ++입력하고 =을 누르면서 메모를 하고 표기하면 된다.

표기점에서 마지막 치수 1090mm 확인하면 표기점으로부터 기둥이 설치되는 위치를 알 수 있다.

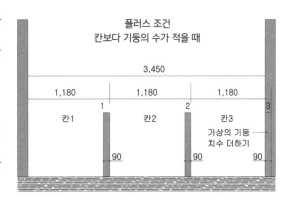

플러스 조건
칸보다 기둥의 수가 적을 때

3,450

| 1,180 | 1,180 | 1,180 |

칸1   1   칸2   2   칸3   3
가상의 기둥
치수 더하기

90   90   90

③ 소동자의 가공 및 설치

소동자(소봉)는 말로 설명하기 힘들어서 현장에서 자주 사용하는 디자인을 나름대로 간단하게 디자인해 봤다.

앞에 마법망치의 간단한 데크 난간대 디자인 모음을 참고하면 될 것 같다.

난간대 설치는 보통의 경우라면 사람의 안전을 위한 작업이기에 튼튼하게 만드는 것이 기본이라 생각하며 경계를 위한 작업이라면 디자인에 신경 써야 할 것이다.

3 벽체 작업

벽체 작업이란, 실내 건축에서 콘크리트나 시멘트, 벽돌 등의 벽면에 새로운 마감 자재로 작업할 때 완성도를 높이기 위하여 기본적인 바탕 벽체를 설치하는 작업을 말한다.

1. 벽체 작업

벽체 작업은 떡 가베(석고 본드 시공)와 틀 가베로 나눌 수 있으며 틀 가베에는 다양한 시공 방법이 있다.

① 떡 가베 시공 방법

예전에 떡 가베 작업은 목수들이 했지만, 지금은 떡 가베 전문가들이 따로 있다.

떡 가베 작업은 습식 시공 벽체로 콘크리트 등 바탕 벽면에서 가장 얇게 석고 보드를 벽체에 설치할 수 있는 방법이다.

떡 가베는 벽체에 석고 보드를 바로 작업하는 경우와 콘크리트 벽면에 단열재 먼저 붙이고 작업하면 알 보드 작업이라고 하며, 석고 보드에 단열재를 붙이고 작업하면 합지라고 한다.

떡 가베 작업은 바탕면으로부터 프라이머(표면 접착 증강제)와 석고 본드, 석고 보드로 이루어진다.

≡ 프라이머 바르기

프라이머는 현장에서 G-3라고들 부르며 가장 먼저 나온 제품이 표면 접착 증강제의 대명사처럼 쓰이고 있다.

프라이머는 다양한 종류가 있으며 콘크리트 벽면에 석고 본드가 위치하는 곳에는 꼭 프라이머를 바르고 시공해야 한다.

콘크리트나 단열재의 면에 석고 본드를 바로 시공하면 건조 후에 석고 본드가 떨어져서 하자가 발생할 수 있다.

프라이머에 번호(점도의 번호)가 있는 제품은 꼭 번호를 확인하고 사용해야 하며, 7000번 또는 그 이상의 번호를 사용하여 시공하기를 바란다.

프라이머는 기술자의 성향에 따라 사용량이 달라지며 보통 봄, 여름, 가을에는 한 통(말)당 석고 보드 3×8(900×2400) 100장 정도이며 겨울철에는 70장 정도로 계산한다.

≡ 석고 본드 작업

석고 본드는 콘크리트나 시멘트 벽체와 석고 보드 사이에서 붙여 고정하는 자재다. 수용성이라서 시멘트와 달리 본드에 물만으로 시공 점도를 맞추며, 벽면에 점도를 맞춘 석고 본드를 주먹 크기로 벽면의 여러 곳에 붙인 후 석고 보드를 붙여 수직을 맞추고 석고 보드를 붙이는 접착제다.

석고 본드의 사용량은 기본 콘크리트나 시멘트 벽면의 상태에 따라 사용량에 많은 차이가 있다.

바탕 벽면의 상태(수직 및 굴곡)에 따라 다르지만, 석고 보드 9T×3×8(900×2400) 기준으로 6.5장당 1포로 계산하며, 벽면의 상태가 안 좋으면 석고 보드 5.5장당 1포로 줄기도 한다.

평균으로 계산하면 6장당 1포를 계산해서 주문하면 비슷하게 떨어진다.

석고 본드 시공 시 설치 부속 중에 금속이 있는 경우에는 석고 본드가 금속에 묻지 않도록 해야 하며 금속 수도관은 특히 주의해야 한다.

석고 본드의 화학적 성질(성분)로 인하여 금속 배관을 매우 빠르게 부식시켜 하자가 발생할 수 있기 때문이다.

≡ 석고 보드 붙이기

석고 보드는 기본으로 9T×3×8(900×2400, 2700)을 가장 많이 사용하며 가끔 12mm로 시공할 때도 있다.

떡 가베 석고 보드 시공은 수직과 직선의 유지가 가장 중요하며, 석고 본드 시공이기 때문에 시공 후 바로 전기 콘센트나 스위치 등의 위치에 타공이 어렵기에 석고 면에 정확한 위치를 표시하여야 한다.

또한, 벽면에 석고 보드 2PY(두 장 붙이기)일 경우도 바로 작업이 불가하다.

≡ 틀 가베 시공 방법

틀 가베란, 각재 판재(합판, MDF) 등을 사용해서 벽체를 설치하는 것을 말하며 보통은 건식 벽체라고 한다.

내장 목수는 수직과 수평 직선을 맞추는 걸 기본으로 생각하기에 벽면 막치기[3] 작업은 디자이너 또는 건축주 등 클라이언트가 특별히 요구하지 않는다면 절대 하지 말아야 한다.

② 합판 틀 벽체 시공 방법

내장 목수의 틀 가베 중 가장 얇게 작업하는 방법은 합판 12mm를 40~60mm로 켜서 작업하는 방법뿐이다.

석고 보드 1py로 벽체를 마감할 때 벽체의 가장 돌출된 곳에서 합판 12mm+석고 1py= 21.5mm 두께로 마감할 수 있기 때문이다.

이는 포터블 마루 틀 설치 방법을 벽체에 이용하는 방법으로, 벽체 틀을 설치할 때 벽면에서 가장 돌출된 곳을 기준으로 합판 딱지[4]를 이용하여 수직과 직선에 맞춰 설치한다.

하지만 벽체 틀 설치는 석고 두면 치기(이하 석고 2py)를 기본으로 하기에 석고 보드를 2py로 하면 12mm 합판을 약 50mm로 켜서 설치하는 방법이 가장 빠르고 좋다.

예를 들어 합판 12mm로 틀 작업을 하면 벽체의 가장 돌출된 면에서 합판 12mm+석고 2py= 31mm다.

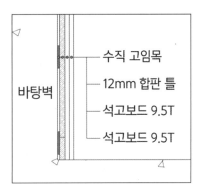

바탕벽 — 수직 고임목 — 12mm 합판 틀 — 석고보드 9.5T — 석고보드 9.5T

---

3) 벽면의 상태를 무시하고 생긴 대로 설치하는 방법
4) 두께가 다른 합판을 가로×세로 약 50mm~70mm 정도의 크기로 자른 합판의 조각들

③ 각재 틀 작업 깡 벽체 작업

다루기로 가장 얇은 벽체를 설치하려면 기루꾸미를 벽면에 설치하는 방법으로 석고 보드를 기준으로 보면 석고 보드의 규격이 3×6(900×1800)으로 벽체에 설치하는 석고 보드는 기본 2py로 자반상(한 자는 약 300mm+반 자 약 150mm= 450mm)으로 설치한다.

여기서 기루꾸미는 현장에서 사용하는 용어로 맞춘다는 의미가 있다.

문짝을 설치하는 것도 기루꾸미라 하고 천장(덴조) 및 벽체 작업에서 천장 및 벽체의 틀과 틀 사이에 간격을 맞추기 위해 같은 크기로 잘린 다루기도 기루꾸미라고 한다.

기루꾸미는 천장 및 벽체의 틀 설치 간격에서 각재(다루기)의 두께 30mm를 빼고 자른 다루기(450-30= 420mm)를 기루꾸미라고 한다.

다루기의 두께 절반을 더 자른 다루기(405mm)는 스타트 기루꾸미라고 한다.

벽체 틀 작업은 설치할 벽체의 테두리(다루기)를 설치할 먹 작업을 먼저 해야 한다.

벽체를 설치할 기본 벽면에서 가장 돌출된 곳을 기준으로 다루기 두께를 30mm에 약 10~20mm의 여유를 주고 더하여 벽체 틀을 설치할 곳의 바닥 양쪽에 표기한다.

기본 바탕 벽체의 상태가 안 좋으면(굴곡이 심하거나 수직이 안 맞는 경우) 벽체 틀 설치용 기루꾸미 양쪽에 5mm 합판 딱지를 만들어 붙여 작업하면 된다.

이때 합판까지의 길이가 420mm다.

표기된 바닥면의 양쪽을 연결하는 먹줄을 치고 레벨기 (레이저 수직·수평기, 이하 레벨기)를 먹선의 중간 정도에 설치하고 먹선에 맞춰 레벨기를 설치한다.

나머지 벽면의 테두리에 레벨기를 띄우고 연필 또는 샤프로 표기를 한 다음 벽면과 천장에 나머지 먹줄을 친다.

먹 작업을 했다면 테두리 각재를 설치할 곳에 치수를 재고 각재를 잘라서 콘크리트 타카(DT-64)에 ST핀 45mm로 먹의 선을 따라서 4면에 각재를 설치한다. ST-45 타카핀의 간격은 약 300mm 정도면 적당하다.

테두리 작업이 끝났으면 틀 고정용 기루꾸미를 설치할 높이에 먹 작업을 한다.

가령 높이가 2400mm로 세워서 설치하는 각재를 다대상[5]이라고 한다. 최근에는 다대상을 세로상이라고도 많이 사용하고 있으니 세로상이라고 하자.

기루꾸미에 세로상의 각재를 수직에 맞춰 세로상 중간을 고정할 높이는 900mm 미만으로 설치하는 게 좋다. 예를 들어, 벽체 틀을 설치할 높이가 2400mm라면 3으로 나눈 높이 800mm와 1600mm에 먹 작업을 한다.

그다음 석고 보드를 설치할 벽면에서 시작 위치를 정하고 시작 위치에서 450mm 간격으로 세로상을 설치할 테두리의 상부와 하부에 자반상[6] 으로 표기를 한다.

지반상은 세로상을 설치할 위치에서 각재의 중앙이 석고 보드가 연결되는 곳이라서 각재의

---

5) 세워서 위아래로 설치하는 각재의 현장 용어
6) 한 자는 약 300mm, 반 자는 약 150mm로 450mm 간격으로 설치하는 각재

중앙을 450, 900, 1350, 1800 등으로 표기해야 하지만, 석고 보드를 붙이기 시작할 위치에서 약 5mm 정도 여유가 있어야만 마감을 깔끔하게 할 수 있다는 것을 반드시 기억하자.

또한, 각재의 중앙에 세로상을 설치할 표기를 한다면 설치할 때 많은 오차가 생길 수도 있다. 그래서 표기는 각재의 세로상 단면 끝 또는 시작점을 표기하는 게 좋다.

예를 들면 450mm에서 각재의 절의 반 15mm를 빼고 여유 약 5mm를 더한 치수 440mm를 시작으로 440mm에서 450mm를 더하여 표기해 간다. 440, 890, 1340, 1790⋯. 이 방법이 어렵다면 440mm에 표기 후 못을 하나 박고 줄자를 걸어서 450, 900, 1350 등으로 표기하면 된다.

틀을 설치할 표기가 끝났으면 상하부의 세로상 설치를 위한 표기 상부와 하부에 900mm(890, 1790, ~~위치) 단위로 세로 먹줄을 치고, 또요꼬상(이하 가로상)[7] 과 기루꾸미 설치를 위한 표기 800, 1600mm 지점에 먹을 친다.

가로와 세로 먹이 만나는 곳에 가로의 먹줄이 보이게 기루꾸미를 맞추고 세로 먹에 각재의 끝을 맞춘 후 ST-45mm 타카로 고정해 간다.

기루꾸미 설치가 끝나면 테두리 각재의 안쪽 선을 기준으로 기루꾸미 위 또는 아래 먹을 친 후 상하부는 표기한 곳에 중간은 기루꾸미의 먹 선을 세로상의 뒤쪽 면에 맞추고 목재용 핀으로 DT-64 타카 또는 T-64 타카로 설치하면 된다.

이상 설명한 것은 가장 많이 시공하는 방법 중 하나로, 벽면에 굴곡이 심할 때는 기루꾸미에 합판을 덧붙여서 작업할 때도 아주 많다.

이때 합판 딱지는 합판 5mm를 사용하며 규격은 50×70(mm) 정도로 절단한 합판을 기루꾸미 양 끝에 붙인다. 이때 각재에 양쪽에 딱지 합판을 더한 길이가 420mm여야 한다.

---

7) 가로로 설치하는 각재의 현장 용어

④ 사선의 벽체 틀 작업

경사진 천장에 벽체 틀 작업을 하면 내장 목
수들은 정말 다양한 방법으로 작업을 한다.

틀마다 하나씩 표기하는 사람, 레벨기를 띄
우고 작업하는 사람 등등. 그러나 당장은 작
업을 빨리하는 것처럼 보이지만 결코 빠른
작업이 아니다.

그럼 어떻게 할까?

잠깐의 시간을 투자하면 사선 천장의 벽체
틀에 세로상이 위치할 곳을 쉽게 찾을 수 있
고 각 각의 높이에 각재도 한 번에 절단할
수 있다.

사선의 벽체 틀 먹 작업 및
세로상 절단하기

먼저 벽체 틀 치수를 확인하고 각도를 계
산한다. 그림을 참고로 풀어 보자. 먼저 각
도 구하기 여기서 구해야 할 각도는 높은 곳
2500에 마주 보는 낮은 쪽 1000으로의 경사각이다.

atan((2500-1000)/3300)= 24.44˚가 나온다. 그럼 커팅기의 각도는 24.44˚다.

다음은 사선의 천장에 벽체 틀을 450mm 간격으로 설치할 사선의 길이와 450mm 간격의
단차를 구하자.

계산하는 방법은 여러 가지가 있지만 이미 알고 있는 각도로 구하는 게 가장 빠르다.

먼저 각재 틀 간격인 450mm의 단차 높이를 계산해야 한다.

높이는 **tan(각도 24.44)×450**= 204.5mm다.

그럼 사선의 길이도 구해 보자. $\sqrt{450^2+204.5^2}$= 494.28mm다. 다른 계산 방법으로는 450/cos(24.4)= 494.29 또는 **450/sin(90−24.44)= 494.29**로 계산 할 수도 있다.

그럼 계산기에 494.3을 입력하고 + +를 누르고 메모를 한다. =494.3 =988.6 =1429 =1977.2 =2471.5 =2965.8가 순서대로 나올 것이다. 그럼 줄자를 걸고 표기만 하면 된다.

다음은 세로상을 잘라 보자. 처음 설치할 세로상의 치수를 재고 계산기에 입력한다. 2239−204.5= 2033.5 =1829 =1624.5 =1420 =1215 =1011mm로 메모를 하고 모두 절단 후에 설치만 하면 끝난다.

⑤ 윗괴 벽체 틀 작업

이 방법은 마루 틀 설치 방법 중 멍에를 설치하는 방법을 벽면에 마루의 멍에[8]를 설치한다고 생각하면 쉽다.

이 방법은 작업할 판재의 규격에 상관없이 틀의 간격을 마음대로 정해서 작업할 수 있기에 많이 사용하는 방법이다.

합판 틀의 경우 합판의 규격이 1220×2440mm로 한자상 또는 400상이라 부르며 한자상의 경우 305mm 단위로 표기하며 400상일 경우에는 407, 815, 1220mm로 표기한다.
석고 보드일 경우 한자상(300mm)나, 자반상(450mm)으로 작업한다.

---

8) 천장과 벽체에서는 윗괴라 한다.

윗괴 벽체 틀 작업 설치 방법은 벽체의 속에 두께 (벽체와 석고 보드 사이)가 두꺼우나 단열재나 차음재 등을 설치할 때도 많이 사용하는 방법이다.

벽체 틀을 설치할 벽면의 가장 돌출된 곳에서 각재 틀의 설치 마감은 각재의 두 두께로 60mm 이상이며 마감재가 석고 2py라면 최소 치수가 약 80mm다.

이 방법은 위에 깐 벽체 틀 작업에서 벽체에 설치하는 기루꾸미 대신 윗괴로 바꿔서 작업하면 되고, 윗괴를 설치할 버림목과 달대 작업이 있고 나머지 작업은 깐 벽체 작업과 모두 같은 방법이다.

벽체 내부에 들어가는 충진재에 따라 벽체의 두께는 각각 계산하여 테두리를 설치하고 윗괴를 설치하고 세로 먹을 친 후 내부 충진재를 넣고 세로상을 설치하고 마감재를 작업하면 된다.

⑥ 공간 벽체 틀 작업

이 방법은 음악실, 녹음실 등 방음 작업을 해야만 할 때 사용하는 방법으로 투 바이 또는 구조목으로 설치하는 방법이다.

공간 벽체 틀 작업은 콘크리트 등 기존 벽면에 설치할 벽체의 연결(고정)되는 곳을 최소로 하여 설치된 벽체의 울림이 뒤쪽 벽면으로 전달되는 것을 최소화하는 작업 방법이다.

벽체에 틀을 설치할 기존의 벽면에 충진재를 채워 설치하고 그 앞에 투 바이 또는 구조목으로 벽체를 세워서 만드는 방법이다.

간단하게 말하자면 칸막이 벽체의 설치 방법과 같다.

2. 칸막이

칸막이 벽체는 공간의 사용 용도에 따라 시공 방법이 아주 다양하다.

칸막이 벽체에는 문틀 및 문짝 창이나 창문 방화문 게이트 등 칸막이 벽체와 함께 작업해야 할 것들이 매우 많다.

또한, 벽면의 마감 작업 및 설치물에 따라 벽체의 두께 및 벽걸이 에어컨, TV 등 벽체의 부착물 설치에 따라서 보강 작업을 해야 하는지 등을 확인하고 작업해야 할 것들도 아주 많다.

칸막이는 설치하는 환경과 용도에 따라서 작업하는 방법이 달라진다. 칸막이는 건물의 외부에 접한 외부 칸막이와 실내부에 설치하는 칸막이로 나눌 수 있다.

① 외부 목제 칸막이

외부 칸막이는 목조 주택의 외벽 설치 작업에서 주로 사용하는 칸막이로 그 구성은 내부로부터 내부 마감재(도배, 도장 등) 석고 보드, OSB or 석고 보드, 단열재, 구조목, OSB, 타이백, 외부 마감재(사이딩 등)로 이루어진다.

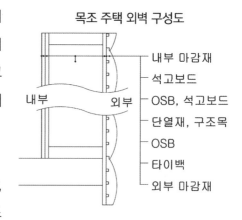

목조 주택 외벽 구성도

- 내부 마감재
- 석고보드
- OSB, 석고보드
- 단열재, 구조목
- OSB
- 타이백
- 외부 마감재

인테리어 내장 목수가 자주 하는 작업 아니지만, 가끔 목조 주택 공사도 하기에 목조 주택의 목구조 틀의 설치 전 기초 작업 방법을 조금만 알고 가자.

목조 주택 현장에 도착하면 현장 상황이 둘 중 하나다. 아무것도 설치된 것이 없는 현장과 콘크리트로 바닥 작업이 된 곳이다.

아무것도 설치된 설치물이 없는 현장이라면 작은 구조의 창고나 방갈로 정도다.

이 경우라면 데크(마루) 작업을 먼저 하고 그 위에 틀을 설치하고 작업하면 된다.

목조 주택을 짓기 위해서는 기본 콘크리트 바닥 구조로 설비(상·하수 배관 등) 및 전기(메인 배관) 작업 등이 된 곳이라 할 수 있다.

② 목조 주택 칸막이 먹 작업
칸막이를 설치할 바닥에 기준 먹 작업을 한다.

기준 먹이란, 모든 칸막이와 문틀의 위치 및 크기 등을 설치할 때 기준으로 삼는 먹줄을 말한다고 먹 작업에서 설명한 바 있다.

건축 도면을 확인하고 현장의 여건에 따라서 기준 먹을 작업하고 칸막이, 문틀 등의 먹 작업을 하고 현장의 책임자와 함께 꼭 검토해야 한다.

③ 버림목 작업
검토가 끝났다면 목조 주택의 기초인 버림목 작업을 한다.

목조 주택에서 버림목이란, 바탕면에 타설한 콘크리트 바닥으로부터 방통(방바닥 미장) 마감 높이로 각각의 벽체에 구조 틀로 사용할 규격이 같은 각재로 수평 작업을 하는 목재를 말한다.

버림목 작업은 방바닥의 높이로 벽체 틀을 설치하기 전에 건물의 수평을 잡아 주고 높이를 정하는 기준이 되는 작업으로 아주 중요한 작업이다.

버림목 작업 방법은 각재 또는 합판 딱지로 방통이 설치될 높이에 수평을 맞추고 바닥면에 설치한 칸막이 벽체의 먹선을 따라서 먹선 위에 칸막이로 설치할 각재와 같은 규격의 버림목을 설치하면 된다.

버림목 설치가 끝났다면 목수는 도면의 칸막이 규격(길이, 높이 등)에 맞게 구조 틀 작업 등을 진행하면 되고 버림목의 하부에 생긴 공간은 벽돌과 레미탈 등으로 꼼꼼히 채우라고 현장 책임자에게 말하면 된다.

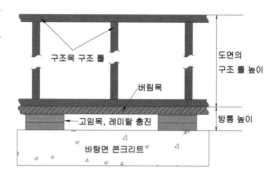

④ 내부 칸막이

내부 칸막이는 아주 다양한 자재 및 소재(목재, 철재, 유리, PVC, 석재 등)를 사용하며, 공간의 용도에 따라서 설치 방법 또한 아주 다양하다.

여기서는 인테리어 목수의 작업 및 기술 등을 설명하기에 목재와 내장 목수들이 주로 사용하는 자재만으로 설명한다.

인테리어 내부 목공사에 가장 많이 사용하는 칸막이는 북양(북미)재인 기성품 투 바이 30×60, 69로 칸막이 벽체에 가장 많이 사용된다.

투 바이 목구조 칸막이는 규모가 작은 사무실 및 상업 공간 등에서 매우 많이 사용한다.

⑤ 내부 칸막이 설치 먹 작업

먹 작업은 어떠한 현장이나 비슷한 것 같지만 다른 작업이다.

그래서 매번 먹 작업 전에는 설치할 자재의 규격을 확인하고 설치될 칸막이 벽의 두께와 문틀 및 창 등의 규격도 확인해 기준 먹과 칸막이 먹을 설치해야 한다.

바닥 먹 작업 후 현장 책임자의 검토와 확인이 끝난 바닥의 먹을 기준으로 다시 한번 천장과 벽체에 먹 작업을 해야만 틀 작업에 들어갈 수 있다.

바닥 먹과 천장 및 벽체의 먹 작업을 따로 하는 이유는 천장 작업을 하지 않고 기존의 천장을 그대로 사용하는 경우도 아주 많기 때문이며, 바닥의 먹 작업 후에 칸막이의 설치 장소 등이 변경되는 경우도 매우 많기 때문이다.

바닥에 설치된 먹줄의 검토와 확인이 끝나 확정된 먹줄에 레벨기를 맞추고 벽체와 천장에 다시 먹 작업을 한다. 그럼 칸막이 설치 먹 작업은 끝난 것이다.

⑥ 칸막이 벽체 틀 설치
칸막이 벽체 틀의 설치 방법은 두 가지다.

하나는 벽체 설치가 가능한 규격에 맞게 미리 절단, 가공, 조립을 해서 한 번에 설치하는 방법으로 조립하는 데 사용할 충분한 공간이 필요하다.

두 번째는 절단과 조립 설치를 바로 하는 방법으로 작업 공간의 크기에 상관없이 작업하는 방법이다.

두 가지 방법은 서로 장단점이 있다.

칸막이 틀을 미리 조립해 설치할 경우는 칸막이 틀을 설치할 위치의 규격(길이, 높이)보다 적어야만 설치할 수 있어서 구조상 조립한 벽체 틀이 조금 헐겁다고 할 수 있다.

또한, 가공과 조립에 실수가 있다면 틀을 수정하는 데 많은 시간이 걸린다는 단점도 있다. 장점으로는 조립과 설치 시간을 단축할 수 있고 작업이 좀 수월하다.

칸막이 틀을 바로 절단 조립할 때 단점은 시간이 조금 더 걸릴 수 있고 계속 우마를 타야 하기에 피곤하다.

또한, 칸막이 틀 설치 장소에 딱 맞는 틀을 설치할 수 있으며 실수가 거의 없고 복잡한 단차가 있더라도 완벽하게 설치할 수 있다.

석고 보드(900×1800)로 작업하는 칸막이 틀은 기본으로 마감 자재와 상관없이 자반상(450mm)으로 설치하며 투 바이 각재를 가장 많이 사용한다.

현장 책임자가 별도로 석고 보드 1py를 요구하지 않는다면 석고 보드 2py를 기본으로 작업해야 할 것이다.

칸막이 벽체는 사용 공간의 용도와 디자인에 따라서 설치 방법이 수만 가지 이상이라 생각하지만, 기본 구조에서 조금씩 변경된다고 생각하면 된다.

내장 목수의 작업 방법은 기본적 시공 방법에서 조금씩 변경되는 기본의 응용이라 생각하면 된다.

내장 목수가 시공하는 각재 칸막이 벽체는 위에서 설명한 방법이 주로 사용된다.

내장 목수의 벽체 설치는 직선의 벽체만 있는 건 아니다. 원형 벽체와 자유 곡선 벽체 등 직선이 아닌 벽체들도 간혹 설치한다.

이때는 곡선 벽체는 주로 인공 판재(합판, MDF 등)를 가공해서 작업한다.

이때, 각재 투 바이의 규격과 원형 벽체 틀의
설치 규격은 시공 방법에 따라서 다를 수도
있다.

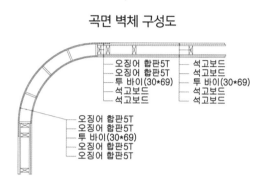

곡면 벽체 구성도

이는 직선 벽체와 곡선 벽체에 설치되는 판재
의 소재와 두께가 다르기 때문이다.

직선과 원형 벽체가 접하는 곳에는 바닥면에 설치 먹 작업 후에 다시 한번 반지름값을 확인
하고 원형 가공 작업을 해야 한다.

곡선 벽체와 직선 벽체의 원의 내부와는 다르
게 원의 외부 석고와 합판의 연결부에는 도장
마감 작업 후에 실금(크랙)이 생길 가능성이
매우 많은 곳이다.

직선과 원형 벽체가 만나는 곳이라면 다른 소
재로 연결 작업을 할 경우가 매우 많다. 이때,
가능하다면 판재를 교차하여 설치할 수 있도록 해야 할 것이다.

3. 파티션

현장에서 파티션(Partition, 분할)은 공간을 낮은 칸막이로 나눈다는 뜻으로, 칸막이 벽체와는 조금 다른 의미가 있다.

칸막이는 천장까지 벽체를 구성하지만 파티션은 천장 밑에서 벽체가 끝난다고 생각하면 될 것 같다.

파티션은 다양한 디자인과 소재로 기성품들이 판매되고 있지만, 내장 목수가 현장에서 만들어야 하는 파티션도 많다.

주로 상업 시설 중 병원의 간이침대를 나누거나 주점, 음식점, 사무실 등에서 이동 동선과 테이블 사이를 나누는 데 주로 설치한다.

작업 방법은 투 바이 벽체 작업과 비슷하지만, 파티션의 구조상 견고하지 않을 경우가 많다.

4. 아트월

건축에서 아트월은 보통 주택의 한쪽 (주로 거실) 벽면을 기본으로 사용하는 소재와 다른 도장, 도배, 섬유, 타일, 목재, 필름, 석재, 금속, 유리 등으로 장식하는 벽체를 말한다.

또한, 아트월은 소재와 작업 방법에 구애 없이 아름다운 벽체(아트월)를 만들기 위해 그림을 그리기도 하며 부조 작업 등을 하기도 한다.

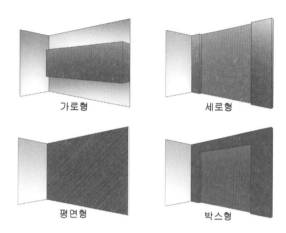

가로형   세로형

평면형   박스형

내장 목수의 작업에서 아트월은 평면형, 가로형, 세로형, 박스형과 매립 및 돌출형 등으로 구분할 수 있다.

내장 목수가 작업하는 아트월은 주로 아트월 디자인에 기본 설치 구조와 바탕 작업을 많이 한다.

물론 목재로 하는 아트월 작업은 마감 작업까지 모두 내장 목수가 한다.

4 문틀 및 문짝

문틀 및 문짝은 인간이 살아가는 주거 및 상업 공간 등 거의 모든 곳에서 사용한다고 해도 틀린 말이 아니다.

문틀은 목재, 철재, PVC, 우레탄 등으로 만들어지며, 인테리어 및 내장 목수가 많이 사용하는 문틀과 문짝만 설명하겠다.

1. 문틀

문틀은 문짝이 닫히는 방법과 모양에 따라서 미닫이와 미서기, 여닫이로 나눌 수 있다.

미닫이와 미서기는 문 및 창문에 여닫는 방식에 따라 사용하는 언어로, 그 차이가 명확하지 않아 미닫이와 미서기를 같은 문이라고 알고 있다.

예를 들어 2연동 포켓 문은 미닫이문이고, 3연동 문은 미서기 문이라고 할 수 있다. 그럼 하나씩 알아보자.

① 미닫이

미닫이는 학교의 교실 문과 상가의 자동 유리문, 노출 행거 문처럼 문을 열면 문짝이 벽면에 위치하거나 포켓 문처럼 주머니 속으로 들어가는 등의 문을 미닫이라 말한다.

한 짝만 설치할 때는 외미닫이, 양쪽에 설치할 때는 쌍미닫이라고 한다.

② 미서기

미서기는 미세기라고도 불리며 문을 열면 문짝 두 짝이 겹쳐서 있는 문을 말한다.

문틀 하나에 문짝이 두 짝 또는 네 짝으로 많이 만들어지고 주로 창문으로 많이 사용하는 새시(Sash)가 대부분 미서기다.

③ 여닫이

여닫이는 문틀의 한쪽에 경첩 또는 힌지를 설치하여 여닫는 문을 말한다.

상가 현관의 유리문, 방화문, 방문, 자유경첩문 등 힌지를 중심으로 회전하여 여닫는 문들을 여닫이문이라고 한다.

2. 문짝

문짝은 문짝을 구성하는 소재와 제작 방법에 따라서 부르는 이름이 다르며 합판, 멤브레인, ABS, 원목, 무늬목, 도장, 문짝 등이 있다.

① 합판 문짝
합판 문짝은 각재와 합판으로만 만들어진 문짝을 말한다.

합판 문짝은 작업 현장에서 사용자가 원하는 마감재(도장, 필름, 무늬목, 마감판 등)로 다시 마감 작업을 해야 하는 문짝으로 기성품과 주문 제작 현장 제작이 모두 가능한 문짝이다.

합판 문짝은 변형이 적고 마감재에 따라서 습기에도 강한 문짝이다.

② 멤브레인 문짝
멤브레인 문짝은 프레임(문짝 내부 구조 틀)도 각재와 합판, 수지 등 다양한 소재로 만들어지며 주재료는 MDF다. 흔히 MDF를 전통 원목 문짝의 모양 또는 다양한 디자인으로 고압 성형하여 필름으로 마감한 제품을 일컫는다.

멤브레인 문짝은 MDF와 같이 고압 성형으로 만들어진 제품으로 다른 문짝에 비해 저렴하다.

다만, 습기에 약해서 습기가 많은 곳이나 화장실에 설치한 멤브레인 문짝은 하부가 부풀어 하자가 많이 발생할 수 있다.

멤브레인 문짝은 습기가 적은 업무용 사무실 또는 가정에서 방의 문으로 많이 사용하지만, 햇빛에 노출이 심한 곳에 설치하면 변형이 와서 필름이 떨어질 수도 있다.

③ ABS 문짝

ABS 문짝은 합성수지로 만들어진 문짝으로 최근 가장 많이 사용하는 대표적 문짝이라 할 수 있다.

ABS 문짝의 외형을 구성하는 소재가 합성수지고 프레임을 구성하는 소재도 대부분 합성수지다. 문짝 내부는 종이로 된 구조체를 벌집(허니콤) 모양으로 넣어 수지의 두께와 무게를 줄여서 만들었다.

ABS 문짝은 습기에 매우 강한 문짝이라 습기가 많은 화장실에서도 하자가 매우 적은 문짝이다.

다만, 문짝 설치 시 온도와 설치 후 사용 온도에 따른 변형 조금 심하다. 겨울에 설치한 문짝이 입주 후 문짝이 안 닫히는 현상처럼 실내 온도 변화로 인한 하자가 대부분이다.

이는 목수들이 ABS 문짝을 설치할 때 ABS 문짝의 변형률을 생각하지 않고 설치하기 때문이다. 그렇다고 목수에게 전적으로 잘못이 있는 것은 아니다.

내장 목수가 사용하는 모든 자재와 소재의 특성을 전부 다 알기란 불가능하기 때문이다.

본업으로 30년을 넘게 내장 목수로 살며 수많은 작업을 했어도 새로운 제품이 끊임없이 개발되기 때문에 처음 보는 자재가 많다. 그렇기에 현장에서 시공할 때마다 그 제품들의 특성을 전부 다 확인하며 공부하기란 매우 어렵다.

ABS 문짝은 설치 후 사용하는 장소의 평균 온도에 따른 변형을 900 문틀에 문짝을 설치할 내부 규격 가로 840을 기준으로 간단하게 알아보자.

문짝을 설치 후 사용하는 장소의 평균 온도 22.5°c를 기준으로 문틀에서 문짝을 설치할 곳의 치수 840에서 8mm를 빼고 설치하는 게 하자가 가장 적었다. 예를 들어 문틀이 840mm라면 문짝은 832mm로 주문하여 설치하면 된다.

사람이 살기 가장 좋은 온도는 20~25°c로 ABS 문짝을 사용자는 사용자가 거주하는 주택 또는 사무실에 온도를 20~25°c도 사이에 맞출 것이다.

그런즉, 사람이 거주하고 생활하는 곳에 사계절의 평균 온도는 22.5°c라 할 수 있다. 그럼 현장에서 한여름에 문짝을 설치할 경우라면 평균 온도 약 22.5°c+10°c= 32.5°c가 넘어간다면 ABS 문짝을 문틀 내부 치수 840에서 −7mm 즉, 833mm로 줄여 설치하면 될 것이다.

하지만, 문짝을 주문할 때 0.5mm 단위로는 주문할 수가 없다. 그래서 주문 단위를 1mm로 할 때 문짝을 설치할 내경을 기준으로 하면, 평균 온도가 2.5~32.5°c 사이는 −8mm, 32.5°c 이상은 −7mm 그리고 2.5°c 이하는 −9mm로 주문하고 시공하면 된다.

이렇게 문짝의 크기를 줄여서 시공하면 입주 후 사용 평균 온도에서 문짝의 사용 기능으로 인한 하자 발생을 최소로 할 수 있다. 그리고 겨울철 ABS 문짝을 설치할 때 문짝의 조시[9]를 최소로만 조정해서 온도의 변화에 대비해야 할 것이다.

계절에 따른 문짝의 발주는 내장 목수반장의 판단으로 실측하고 주문해야만 한다.

④ 원목 문짝
원목 문짝은 문틀과 함께 주문하는 경우가 많고, 원목 문틀과 문짝은 홍송, 오크, 체리, 느티, 라왕, 미송 등의 목재로 제작한다.

---

9) 문짝의 수직 및 문짝의 틈을 조정하는 방법

원목 문짝은 철물을 사용하지 않고 목재를 가공하여 장부 조립을 통해 만들기에 인테리어 내부 목공사 작업 현장에서는 가공 및 제작이 어렵고 품질 또한 보장할 수가 없다.

원목 문짝은 설치 후 매우 고급스러운 이미지로 주택의 가치를 높여 주지만, 생각보다 습도에 의해 변형(늘고 줄어듦)되기 쉬워서 문틀의 도어스토퍼(도아다리)도 다른 문틀보다 두께를 더 주고 만들어진다.

또, 원목 문짝은 무게가 무거워 이지(Easy, 쉬운) 경첩보다는 나비 경첩으로 시공해야 한다.

⑤ 무늬목 문짝

무늬목 문짝은 부빙가, 오크, 메이플, 흑단, 애쉬, 홍송, 티크, 체리, 자작, 월넛, 비취, 미송, 라왕 등의 원목을 종이처럼 얇게 켜서 만든 목재(무늬목)를 문짝에 붙여서 만든다.

무늬목 문짝은 합판 문짝의 장점을 더하고 원목 문짝의 단점은 보완한 제품이다. 무늬목 문짝은 변형이 적고 원목의 느낌을 가장 많이 느낄 수 있는 제품으로 매우 고급 문짝으로 통하며, 기성품을 구매하는 것도, 주문 제작도, 현장 시공도 모두 가능하다.

간혹 MDF 문짝에 무늬목 작업을 하는 내장 목수도 있고 MDF로 만든 제품도 판매하고 있다.

일반적으로 크게 문제는 없지만, 화장실과 같이 습도가 높은 공간에 설치할 거라면 꼭 합판 문짝이나 ABS 문짝으로 무늬목 문짝을 제작해서 설치하길 바란다.

⑥ 도장 문짝

도장 문짝은 합판, 멤브레인, ABS 문짝 등을 도장(칠)으로 마감한 제품으로 기성품 구매 및 주문 제작 현장 시공 모두 가능한 문짝으로 도장 문짝도 고급 문짝이라고 할 수 있다.

다만 멤브레인, MDF 문짝은 도장의 상태에 따라 습기에 강할 수도 약할 수도 있다.

가능하다면 합판 또는 ABS 문짝에 도장 작업을 하면 더욱 품질이 좋아질 수 있다.

3. 문틀의 종류 및 설치

문틀은 기성 문틀과 가공 문틀로 구분하고 기성품으로는 PVC 문틀, ABS 발포 문틀과 원목 집성목 문틀이 있고 가공 문틀은 원목, 집성목, 합판 문틀 등이 있다.

① PVC 문틀

문틀의 설치 후 미장 등 마감 작업이 수월하게 할 수 있게 개발된 제품으로, PVC 문틀은 가틀 (합판 또는 코어 합판으로 설치하는 문틀)과 본틀(켑 형식)로 만들어진다.

현장에서 가틀을 먼저 설치하고 벽체에 미장 등을 작업한 후에 문틀을 설치하는 작업으로 두 번의 시공 작업이 필요한 제품이다.

PVC 문틀 규격은 110, 140, 170, 200mm다.

② ABS 발포 문틀

현재 주택 신축 공사에서 가장 많이 사용하는 문틀로 발포우레탄 합판 철판 필름으로 조합하여 만들어진 문틀이다.

ABS 문틀 규격은 폭이 110, 130, 140, 155, 175, 195, 210, 230, 245mm로 규격화되어 문틀의 폭은 변경할 수 없고, 콘크리트 벽체의 두께와 문틀 설치 후 마감 작업에 적합한 제품의 폭을 선택하여 시공해야 한다.

최근에 ABS 발포 스토퍼형 문틀도 상품으로 나온다고 한다. 아직 시공해 보진 못했다.

③ 원목 문틀

원목 문틀은 기성품과 주문 제작 및 현장 가공이 모두 가능한 문틀이다.

원목 문틀은 홍송, 오크, 체리, 느티, 라왕, 미송 등 원목을 문틀로 가공한 제품으로 홍송, 라왕, 미송 외에 기성품은 없고 규격도 몇 가지 안 된다.

원목 문틀 및 문짝은 특수목 문틀 및 문짝을 전문으로 하는 공장에 주문해야 솔리드 원목 문틀 및 문짝을 구할 수 있을 것이다.

④ 래핑 문틀

래핑 문틀은 미송 및 라왕, 집성목 등에 인테리어 필름으로 마감한 제품이다.

색상을 선택할 수 있는 폭이 넓어서 인기가 있으며, 신축 공사보다는 실내 인테리어 칸막이 공사에서 많이 사용하는 제품이다.

래핑 문틀 제품으로는 일반 통문틀형 스토퍼형 문틀이 있고 스토퍼형 문틀은 문틀 설치 후 나중에 스토퍼[스토퍼(도어다리) 분리형 제품] 작업을 하는 경우가 많기에 스토퍼 분실 및 변형에 주의해야 한다.

4. 문틀 설치

문틀 설치는 문틀의 수직과 수평을 잘 맞춘다고 끝나는 것이 아니다. 수직과 수평은 기본이고 그 전에 알아야 할 작업 내용도 매우 많이 있다.

우선, 방바닥의 구성 및 마감 높이를 알아야 한다.

방바닥의 구성은 현장마다 조금씩 다르지만, 가장 많이 사용하는 시공 방법에는 기포(시멘트와 물 AE제를 섞어 만든 경량 콘크리트)+엑셀 및 방통(방바닥 미장)+마감재로 이루어지며 방음재, 단열재, 자갈 등도 방통 전에 사용하는 곳도 많다.

일반적인 현장에서 기포는 70mm, 방통은 40mm, 마감재(장판, PVC 타일, 강마루, 강화마루, 온돌마루 등)로 구성되며 주로 총 마감의 높이를 120mm로 많이들 시공한다.

그래서 문틀의 설치 전에 방바닥의 구성과 높이를 계산하여 문틀의 설치 높이를 정하고 시공해야 한다.

또한, 벽체의 마감도 알아야 하며 벽체의 구성 및 최종 마감재를 확인하고 문틀의 규격(폭)을 정해야 한다.

그리고 벽체의 마감에 따라서 문틀의 소재 폭과 가로(크기) 세로(높이)를 정하고 발주하고 설치해야 한다.

5. 현장 가공 문틀 제작

목공사 현장에서는 문틀을 만들어서 작업하는 경우가 생각보다 많이 있다.

① 작업 일수(작업할 수 있는 기간)가 적어서 문틀을 주문하고 입고 후 작업할 수 있는 시간적 여유가 없을 때
② 문틀의 규격(폭)이 245mm를 넘어서 일반적인 주문이 어려울 때
③ 작업 문짝의 두께(납판, 제작문 등)가 일반 문짝과 두께 차가 많을 때

이밖에도 많은 이유가 있다. 이럴 때 현장에서 문틀을 가공하고 설치하는 방법들을 일부만 정리해 보자.

일반적으로 가장 많이 사용해서 문틀을 만드는 방법은 판재를 사용하는 방법으로 합판, 코어, MDF 등 인공 판재로 문틀을 만드는 것이다.

이 방법은 주로 건식 벽체를 설치하는 사무실 및 상업 공간에서 주로 사용한다. 반장마다 시공하는 판재의 종류와 두께를 달리할 수도 있지만 가장 많이 사용하는 판재는 합판이다.

현장 가공 문틀 구성 단면도

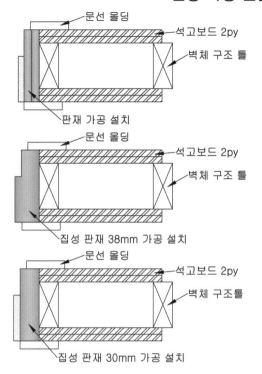

판재(합판, MDF,코아)로 절단 가공 후 설치 문틀을 설치하는 방법

단점: 숨은 경첩 사용 불가

라왕 집성 판재 38mm로 절단 가공 후 도아다리 홈을 파고 문틀을 설치하는 방법 문틀 가공 및 조립이 조금 까다로움

장점: 모든 경첩 사용 가능

라왕 집성 판대 30mm로 절단 가공 후 MDF 9mm로 도아다리를 설치하는 방법

장점: 조립도 쉽고 모든 경첩 사용 가능

합판 또는 코어 합판를 사용하는 가장 큰 이유는 합판에 문짝을 설치한 후에 경첩의 나사못이 잘 고정되기 때문이다.

또, MDF를 사용하는 이유는 문틀 설치 후 필름 또는 도장 마감이 깔끔하기 때문이다. 다만 MDF 문틀의 경우 문짝이 가벼울 때만 사용한다.

현장에서 합판이나 코어, MDF를 사용해서 문틀을 만들어도 도아다리[10]는 MDF 9mm로 커서 붙여 문틀 작업을 한다.

또, 집성판재 38mm를 사용해서 가공하는 때도 있다.

벽체의 두께가 245mm를 넘거나 높이가 2400mm를 넘는 경우 일반적으로 목재상에서는

---

10) 문짝을 잡아 주는 문틀의 턱

목문틀을 주문하기는 어려워서 현장에서 문틀 가공 작업을 직접 할 수도 있다.

집성판재 38mm를 사용해서 문짝의 설치 두께로 홈을 파서 도아다리를 만들고 조립·설치하기도 하고, 집성판재 30mm에 MDF 9T를 가공해서 도아다리를 만들기도 한다.

6. 문짝 제작 및 설치

문짝은 주로 주문하여 설치하지만 가끔은 현장에서 합판 문짝을 제작하여 설치할 때도 많다.

문짝은 문짝 내부의 심재와 심재 양면의 판재 그리고 후지[11]로 만들어진다.

① 문짝의 제작 방법(과거)

먼저 문짝을 설치할 문틀에서 실측으로 문짝의 가공 치수를 재고, 5mm 합판을 규격에 맞게 절단하고 가공한 합판은 후면이 마주 보게 겹쳐서 두 장씩 한 세트로 보관한다.

절단 가공한 합판을 확인하고 문짝 제작에 주로 사용하는 문짝 제작용 라왕 다루기(28×28) 중에 상태가 좋은 라왕 다루기로 한 짝당 문짝의 길이(높이)로 두 개씩 자른다.

상태가 좋은 안 좋은(굽은) 각재는 톱을 넣어 문짝 조립이 쉽게 해야 한다.

---

11) 문짝 측면에 붙이는 목재

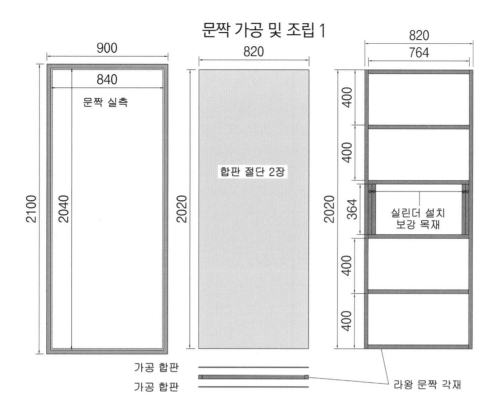

문짝 가공 및 조립 1

900
840
문짝 실측
2100
2040

820
2020
합판 절단 2장

820
764
400
400
364
실린더 설치
보강 목재
2020
400
400

가공 합판
가공 합판
라왕 문짝 각재

다음 합판의 가로(폭)에서 라왕 다루기 두 개의 치수를 빼고 절단한다. 이때 개수는 약 ± 300~400mm 이내 간격으로 문짝의 높이가 2040mm 일 때 6개로 문짝당 가로상을 6개씩 자른다.

마지막 각재는 손잡이를 설치해야 할 곳에 보강용 각재를 자르면 된다. 이때 목문용 손잡이의 설치 위치는 문짝의 잠금쇠가 있는 곳에서부터 60mm가 실린더 타공의 중심이 된다. 그래서 실린더 보강용 목재는 짝당 4개 또는 6개로, 손잡이가 설치될 곳의 양쪽에 나눠서 넣고 문짝을 제작해야 한다.

문짝을 제작하기 위해서는 바닥면이 고르고 수평이 정확한 곳에서 시작해야 한다. 바닥면에 수평이 다르거나 틀어진 곳에서 문짝을 누른다면 문짝도 똑같이 틀어진 모양으로 만들어지기 때문이다.

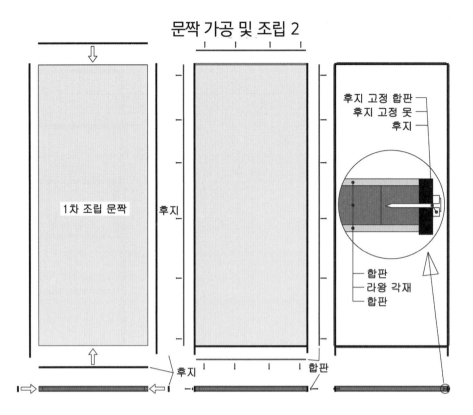

문짝 가공 및 조립 2

후지 고정 합판
후지 고정 못
후지

1차 조립 문짝

후지

합판
라왕 각재
합판

후지
합판

문짝을 제작할 장소를 찾거나 만들었다면, 문짝을 만들 합판 한 장을 깔고 그 위에 높이로 자른 라왕 각재에 본드를 바르고 본드와 합판이 마주 보게 양쪽에 먼저 올려놓는다.

다음 가로상에 본드를 바르고 설치할 위치에 올려놓고, 마지막 보강용 각재에 본드를 바르고 설치 위치에 올려놓고, 설치한 각재 위에 다시 합판과 마주할 각재 위에 본드를 바르고 합판을 올리면 된다.

동일한 규격의 문짝이 여러 짝일 경우 그 위에 처음과 같은 순서로 반복 작업하면 된다.

문짝을 다 쌓았다면 그 위로 하중이 가는 물건을 올려서 문짝을 눌러 줘야 한다. 그래서 문짝을 제작할 때 '문짝을 누른다'라고 표현하는 것이다. 이것이 1차 작업이다.

2차 작업은 눌러진 문짝의 본드가 다 마르면 길이가 긴 쪽의 합판과 각재가 보이는 면을 다

듣고 후지 작업을 해야 한다. 후지[12] 작업은 합판과 각재가 보이는 면에 본드를 충분하게 바르고 후지목을 붙이고 나중에 못을 뺄 수 있게 5mm 합판을 12~15mm 정도로 켜서 후지 위에 놓고 후지와 함께 문짝의 단면을 따라 후지를 고정하면 된다.

후지 작업은 4면 또는 양면 후지 작업이다.

그럼 2차 작업이 끝난 것이다. 나머지는 후지를 설치한 문짝에 본드가 다 말랐다면 후지 위에 합판을 털어내고 못을 빼고, 문짝의 합판 면에 맞춰 대패로 후지를 깎고 다듬어 문짝을 완성한다.

② 문짝의 제작 방법(현재)
과거의 제작 방법은 문짝을 만드는 정석이라고 할 수 있다.

그러나 지금은 마감재(도장이나 필름)의 품질이 좋아지고 작업 공구(트리머)와 설치 부속(이지경첩)이 있어 지금은 후지 작업을 빼고 문짝을 많이들 제작한다.

문짝의 제작에는 에어 공구 422 타카로 파카 핀(고정 철물)이 합판의 표면으로 들어가서 도장이나 필름 작업에 문제가 없기 때문이다.

타카로 많은 작업을 하는 지금은 문짝을 만들 때 라왕 다루기 양면에 5mm 합판을 붙여서 바로 만들고 있다.

---

12) 라왕을 소재로 하여 10×40×2100mm 규격으로 만들어진 자재

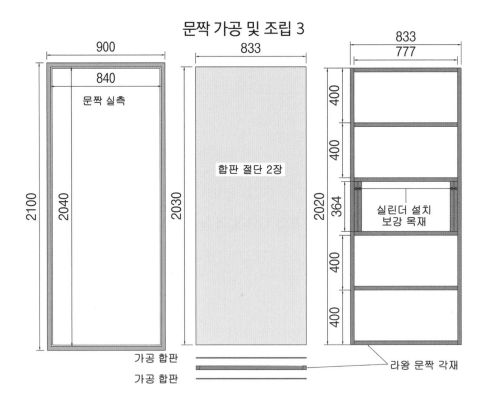

문짝 가공 및 조립 3

현장에서 만들어진 문짝은 후지 없이 타카로 바로 만들어서 면이 좋은 바닥이나 벽면에 또는 설치할 문틀에 붙어 양생 후에 다듬어 설치한다.

7. 문짝의 설치

문짝을 설치하는 방법은 목수마다 조금씩은 다를 수도 있다.

① 문짝을 설치하기 전에 문짝을 설치할 문틀에 넣고 문짝과 문틀 사이(3~4mm)를 확인하고 안 맞는다면 대패로 깎아서 틈의 라인을 맞추고 달아야 한다.

② 문짝이 문틀과 잘 맞는다면 경첩을 달아야 한다. 이때 나비 경첩은 문틀과 문짝에 경첩의 크기와 두께를 맞춰 나비 경첩을 설치할 홈을 파야 한다.

이지 경첩은 문틀과 문짝에 경첩을 설치할 홈을 안 파고 설치할 수 있는 경첩으로 가장 많이 사용하는 경첩이다.

하지만 문짝의 무게가 다른 일반 문짝과 비교했을 때 많이 무겁다면, 나비 경첩을 사용해서 설치해야 한다.

③ 경첩의 설치하는 목수마다 위치가 다르겠지만, 가장 많이 설치하는 치수는 높이 2040mm 문짝을 기준으로 상부에서 150mm, 450mm에 설치하고 하부에서는 200mm를 띄고 설치하는 것이 비율로 보면 가장 안정적이고 문짝을 설치 후에 보기에도 좋다.

④ 문틀에 설치할 문짝의 높이를 표기하자. 이때 문짝의 상부 경첩을 접고 문짝의 상부에서 상부 경첩의 아래 치수를 확인하면 보통 ±250mm다.

이 치수에서 문틀의 상부와 문짝의 사이를 3mm로 한다면 문짝을 설치할 문틀 상부에서 253mm에 표기하고 문짝 상부 경첩의 아래 선에 맞춰 피스를 박으면 된다.

⑤ 이때 문짝을 들고 높이를 맞춰 피스를 박으려면 등 골이 빠진다.

조금 더 쉽게 작업하는 방법은 문틀과 문짝의 상부 높이를 비슷하게 맞춰 문틀과 직각 방향에 설치할 문짝 하부의 중앙에서 외부 쪽으로 임시 고임목을 놓고 그 위에 문짝을 올리는 것이다.

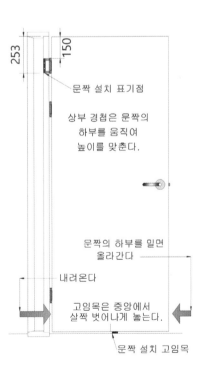

문짝 설치 표기점

상부 경첩은 문짝의 하부를 움직여 높이를 맞춘다.

문짝의 하부를 밀면 올라간다

내려온다

고임목은 중앙에서 살짝 벗어나게 놓는다.

문짝 설치 고임목

그다음, 문짝 하부를 좌우로 움직이면 문틀의 표기점과 경첩 하부의 높이를 힘 하나 안 들이고 맞추고 상부 경첩에 피스를 박을 수 있다.

⑥ 상부 경첩에 피스는 하나만 박고 하부 고임목을 빼고 하부 경첩에 피스 하나만 박고 문짝을 닫아 본다. 이때 문짝이 닫기는 쪽의 아래위가 문틀과 직선으로 맞아야 한다. 문짝은 경첩이 달리는 곳보다 레버가 달리는 곳의 위아래가 딱 맞아야 한다.

⑦ 문짝의 닫는 곳이 잘 맞으면 나머지 피스를 다 박으면 되지만 안 맞는다면, 상부나 하부에 임시로 고정했던 피스를 풀어 위치를 조정하고 다시 문짝을 닫아 확인한 후 잘 맞는다면 나머지 피스를 전부 박으면 된다.

⑧ 모든 목문용 실린더나 레버를 설치할 문짝의 전면에서 60mm 들어간 위치가 실린더 홀의 중앙 쪽이다. 높이는 예전과 달리 문짝의 높이 중앙에 가장 많이 설치한다. 다만 어린아이들이 사용하는 공간인 어린이집 등은 낮게 설치한다.

5 천장 작업

천장 작업은 마감재의 종류에 따라서 설치 방법이 달라질 수 있고 천장의 설치 높이에 따라서도 시공 방법이 달라질 수 있다.

천장 틀을 설치하는 소재로는 목재(다루기)와 금속(경량 천장 틀)이 있으며, 마감재의 종류는 너무나도 많고 지금도 계속 개발되어 새로운 제품들이 나오고 있다.

여기서는 목재를 사용하는 천장 틀 작업만 기술한다.

목천장 틀은 주로 주택의 천장과 상업 시설 중 규모가 작은 상가 인테리어 현장에서 주로 사용한다.

목천장의 장점으로는 다양한 곡선, 사선, 직선 등을 금속 작업인 경량보다 쉽고 빠르게 작업할 수 있기 때문이다.

그럼 천장을 작업하는 순서대로 한가지씩 알아보자.

1. 커튼박스 제작 및 설치

커튼박스란, 커튼·블라인드·버티컬 등을 설치하기 위한 장치이기도 하지만 천장의 설치 가능한 높이와 창문 등의 마감 높이에 단차를 조절하는 기능도 있다.

예를 들면, 창문 상단의 높이가 2500mm고 천장을 마감할 수 있는 높이가 2400mm라면 커튼박스에서 단차를 수정하여 커튼박스의 깊이를 100mm로 만들면, 창문도 안 가리면서 천장 작업을 할 수 있다.

상가 건물에서는 주로 금속으로 만든 커튼박스를 사용하지만, 주택에서는 목수가 각재(다루기)와 합판(9mm, 12mm) 등으로 현장에서 절단·가공해 직접 조립하고 설치를 한다.

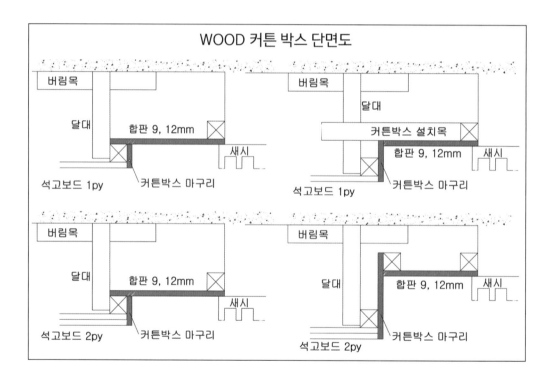

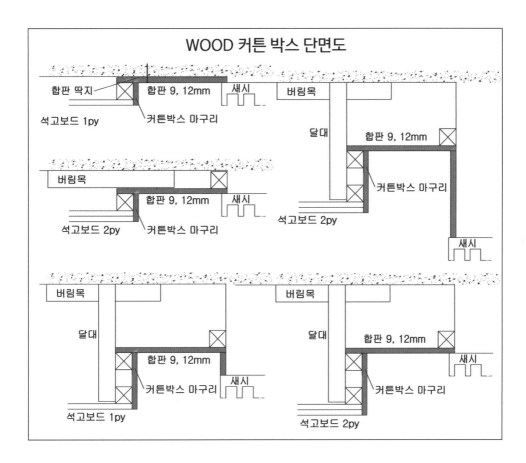

WOOD 커튼 박스 단면도

주택에서 가장 많이 사용하는 설치 방법은 합판 9mm 또는 12mm를 200×2440mm로 켜고 합판의 한쪽 면에 각재를 타카 F-30으로 고정한 후 합판과 각재가 만나는 곳에 석고 보드의 마감 두께 1py 또는 2py를 각재 면에서 각재의 두께와 석고 보드의 두께를 더 하여 가공한 마감재나 합판 또는 MDF 9mm를 켜서 각재에 붙여 고정한 후 커튼박스를 설치한다.

커튼박스의 설치 높이에 따라서 천장 틀의 설치 방법이 달라질 수도 있다.

2. 천장 틀 작업

커튼박스의 설치가 끝났다면 커튼박스의 각재 하부에 레이저를 맞추고 벽면을 따라가며 천장 설치 먹 작업과 천장 테두리 각재(다루기)로 틀 설치 작업을 한다.

최근에는 천장용 레이저가 있어 레이저를 켜고 바로 테두리와 천장 틀 작업을 하기도 한다.

목구조 천장 틀 설치 방법은 천장의 높이에 따라서 깡 천장, 윗괴 천장, 달대 천장, 합판 보(도란스) 천장으로 나눌 수 있다.

① 깡 천장

깡 천장이란, 천장에 구조 틀로 사용할 각재 다루기(각재 30mm×2)의 두 두께가 넘지 않는 천장 틀을 작업할 때 사용하는 시공 방법으로 천장 틀 하부에서 콘크리트 슬래브까지의 높이가 최소 30 최대 60mm 미만일 경우에 사용한다.

이전에도 말했지만 기루꾸미는 현장에서 사용하는 용어로 '맞춘다'라는 의미가 있다.

문틀에 문짝을 설치하는 것도 기루꾸미라 하고 천장(덴조) 및 벽체 작업에서 틀과 틀 사이의 간격을 맞추기 위해 같은 규격(길이)으로 잘린 다루기도 기루꾸미라고 한다.

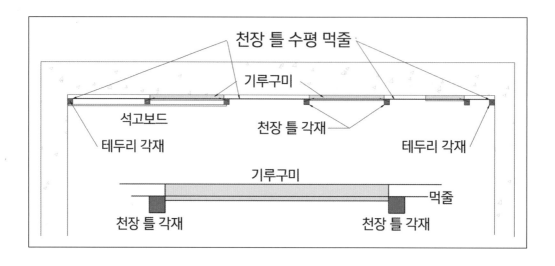

이 방법은 이전에 설명한 벽체 틀 작업에서 사용하는 방법과 같은 시공 방법으로 기루꾸미를 천장 콘크리트 슬래브에 설치하고 각재 천장 틀을 수평에 맞게 고정 설치하는 방법이다.

천장 틀 설치는 커튼박스에서 직각인 방향으로 설치하는 걸 기본으로 한다. 이유는 커튼박스를 좀더 튼튼하게 하기 위해서다.

천장 틀 설치는 커튼박스의 양쪽 면에 접하는 벽체 중에서 커튼박스와 직각에 가깝거나 길이가 긴 쪽에서 자반상 설치를 위한 표기를 한다.

예를 들면 커튼박스의 좌우 측면에서 길이가 긴 쪽의 벽체에서 석고 보드의 취부를 시작하기 위해서다.

다루기의 설치 시작점은 긴 벽체에서 450mm에 다루기(30×30) 두께의 절반 15mm를 빼고 5~10mm를 더한 치수 440~445mm를 시작으로 450mm를 더하여 표기해 나간다. 이렇게 치수를 빼고 더하는 이유는 세 가지가 있다.

깡 천장 작업

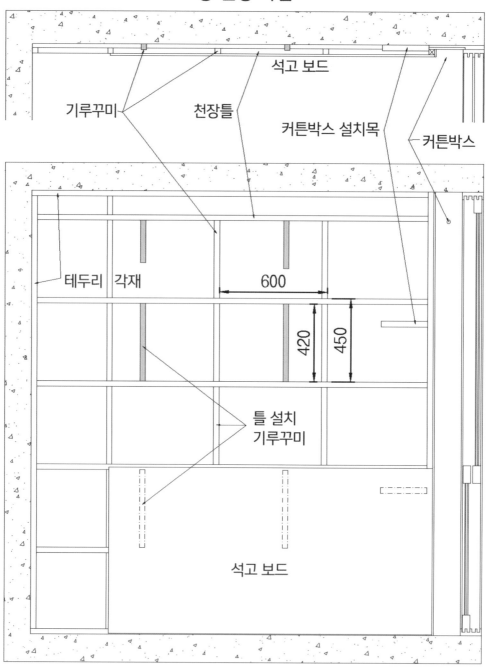

석고 보드

기루꾸미   천장틀

커튼박스 설치목   커튼박스

테두리 각재   600

420   450

틀 설치
기루꾸미

석고 보드

첫째, 표기한 다루기의 왼쪽은 시공자의 눈에 오른쪽으로 보이기 때문에 오른손잡이가 표기 점을 보면서 작업하기에 편하기 때문이며, 왼손잡이일 경우는 표기를 달리할 수도 있다.

둘째, 표기한 곳 890~895mm에서 마주 보는 890~895mm에 900mm 단위로 연결하는 먹 줄을 치면 천장에 고정하는 기루꾸미를 설치할 수 있는 먹줄이 되기 때문이다. 이 먹줄에서 440~445mm 쪽으로 먹선에 맞춰 기루꾸미를 설치하면 두 번 작업하지 않아도 된다.

셋째, 천장을 설치하는 벽면이 정확한 직선이 아니라서 석고 보드를 취부할 때 콘크리트 벽 면의 돌출로 석고 보드를 직선으로 설치가 어려울 수 있다. 그렇기에 벽면에서 5~10mm를 띄고 천장 틀을 설치한다.

처음 천장 틀만 벽면에서 440~445mm를 띄고 표기한 후에 못을 하나 박고 줄자를 걸어서 450mm 간격으로 표기해 가면 되고, 커튼박스와 마주 보는 뒤쪽 벽체에 천장 테두리도 같은 방법으로 표기하면 된다.

이 시공 방법(깡 천장)은 자반상(450)으로만 주로 설치하고 한자상(300)에는 거의 사용하지 않는다.

또한, 이 방법은 석고 보드의 연결부에 기루꾸미를 꼭 설치해야 하고 석고 보드 속에도 450, 600, 900mm 등에 기루꾸미를 설치해야 한다.

② 윗괴 천장

윗괴 천장은 사전에도 없는 용어로 현장에서도 천장을 전문으로 작업하는 목수들이 자주 사용하는 용어다.

윗괴를 쉽게 말하면 마루의 멍에가 천장 틀(마루의 장선) 위로 올라가 설치되는 천장을 말한다.

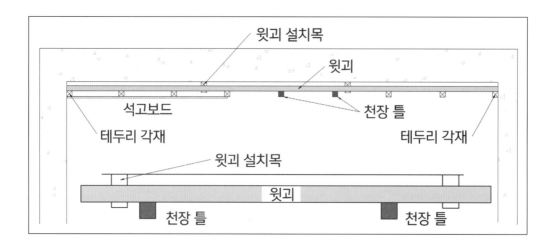

달대(마루에서 하부 기둥) 천장하고 비슷하지만 달대가 없는 천장을 말하며, 윗괴 천장은 천장 틀 하부에서 상부 슬래브까지의 높이가 60~90mm까지의 공간으로 작업하는 천장이다.

이 천장은 한자상(300), 합판상(407), 자반상(450), 모두 설치할 수 있고 윗괴를 다루기 조각들로 고정하는 방법으로 작업은 다른 목천장에 비하면 작업이 비교적 편하다.

윗괴 천장 작업

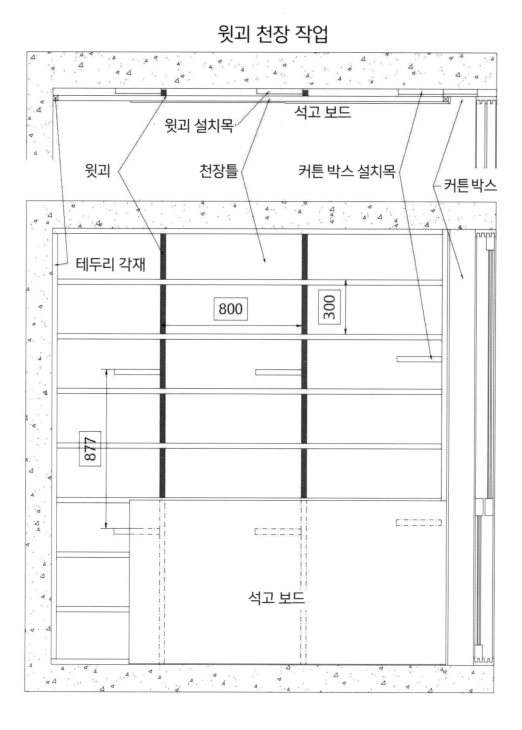

윗괴 설치목

석고 보드

윗괴

천장틀

커튼 박스 설치목

커튼박스

테두리 각재

800

300

877

석고 보드

③ 달대 천장

달대 천장은 천장 틀 하부에서 슬래브까지의 높이가 90mm에서 약 600mm 정도의 높이에서 천장 작업을 할 때 사용하는 천장 틀 설치 방법이다.

슬래브에 버림목[13]을 윗괴 설치 장소에 맞게 고정하고 달대[14]를 설치한다.

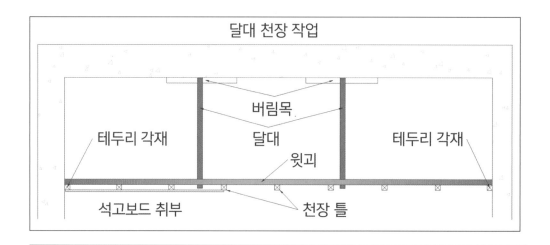

---

13) 달대를 설치하기 위한 각재

14) 천장 틀이 처지지 않게 윗괴를 잡아 주는 각재

그다음, 테두리 다루기 상부의 면에서 맞은편 테두리 상부의 면으로 연결하여 달대에 먹줄을 치고 먹줄에 위쪽에 맞춰 윗괴를 설치하면 된다.

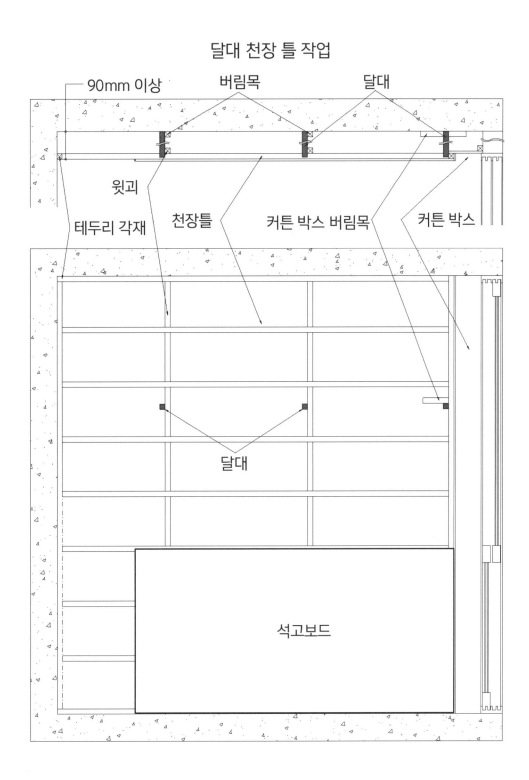

달대 천장 틀 작업

이때, 천장의 수평 먹줄 작업을 하기 위해서 달대는 윗괴의 하부보다 조금 더 내려오게 설치한다.

이 천장은 한자상(300), 합판상(407), 자반상(450) 모두 설치할 수 있고 천장 틀 하부로부터 높이가 올라갈수록 시간이 더 많이 소요된다.

이 방법은 천장 속에 설비 배관 등 설치물이 많은 상가 인테리어 등에서 자주 사용하는 작업 방법이다.

④ 합판 보 천장
목수들은 합판 보 천장을 현장에서 도란스[15] 천장이라고 부르며, 합판 5mm~12mm와 각재를 이용해서 보를 제작하여 천장의 윗괴로 사용하여 천장 작업을 하는 방법을 말한다.

아마도 '도란스'라는 말은 트러스의 일본식 발음이 아닐까 추측해 본다. 일제 강점기부터 지붕을 설치할 때 주로 트러스 구조[16] 를 사용했는데 거기서 기원했을 가능성이 크다.

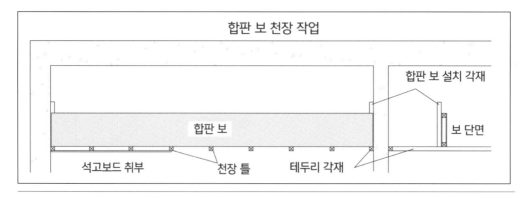

15) 합판으로 만든 보
16) 삼각형 구조 틀을 만드는 형식

합판 보 천장 틀 작업

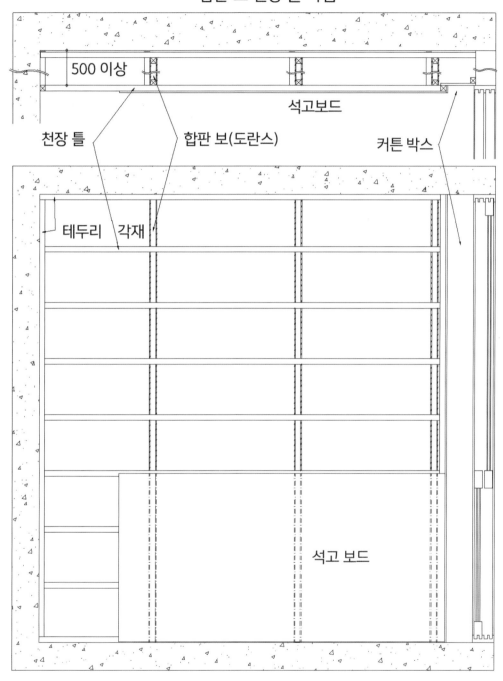

천장 틀   합판 보(도란스)   커튼 박스

500 이상

석고보드

테두리   각재

석고 보드

우리말로는 천장 보(대들보)라 할 수 있다. 지금은 현장의 내장 목수들도 합판 보라고 많이들 부르고 있다.

이 방법은 천장 속이 높아 달대 설치가 어렵고 힘들 때 사용하는 방법으로 설치 장소의 거리 (길이)에 따라 제작 방법도 다르다.

거리에 따른 합판 보 제작 규격은 5mm 합판으로 천장 틀 합판 보를 3600mm 미만으로 만들 때, 석고 보드 2py를 기준으로 천장에 별다른 설치물이 없다고 가정하면 합판 보 설치 간격은 900mm 미만으로 설치해야 한다.

5mm 합판의 규격은 거리 100mm당 합판의 가공 절단 폭이 10mm로 계산한다면 무리가 없고 심재로는 다루기(30×30)로 작업하면 되고, 5mm 합판 보는 최대 치수를 3600mm 미만으로 작업하길 권한다.

예를 들면 천장 틀을 설치할 곳에 거리가 3600mm라면 5mm 합판 폭은 360mm로 가공하면 된다.

9mm 합판으로 천장 틀 합판 보를 3600 ~4800 미만으로 작업해야 하는 곳에서 사용하는 걸 권한다.

석고 보드 2py를 기준으로 천장에 별다른 설치물이 없다고 가정하면 합판 보 설치 간격은 5mm 합판 보와 같다.

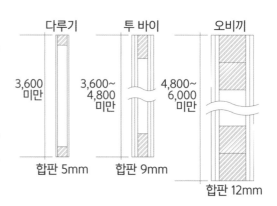

9mm 합판 보 가공 규격은 거리 100mm당 절단 폭이 10mm로 계산한다면 무리가 없고 다루기를 양쪽 더블로 설치하거나 오비끼나 투 바이로 작업해야 하며 F-30mm나 2인치 못으로 작업하면 된다.

예를 들어 거리가 4800mm라면 합판 폭은 480mm로 가공하면 된다.

12mm 합판으로 합판 보를 4800~6000 미만으로 작업해야 하는 곳에서 사용하는 걸 권한다. 석고 보드는 2py를 기준으로 천장에 별다른 설치물이 없다고 가정하면 합판보 설치 간격은 5mm, 9mm 합판 보와 같다.

그러나 4800 이상을 이 방법으로 시공한다면 매우 많은 인건비와 자재비가 들어간다.

12mm 합판의 가공 규격은 거리 100mm당 절단 폭이 10mm로 계산한다면 무리가 없고, 심재는 산승각 또는 오비끼로 양쪽에 두 개씩 넣고 작업해야 하며 12mm 합판도 양면에 2py로 작업해야 하고 사용하는 철물도 DT-64핀 또는 65mm(2.5인치) 못으로 작업해야 한다.

예를 들어 거리가 6000mm라면 합판 폭은 600mm로 가공하면 된다. 그러나 이 방법으로 6m 이상은 바람직하지 않다.

1990년대 초까지만 해도 모델하우스 설치 공사에서 많이 사용하던 방법이지만, 작업에 많은 시간이 걸리고 H빔보다 약해서 지금은 이 방법을 사용해 시공하는 현장은 없을 것이다.

하지만 거리가 짧은 내부 복층 공사에서는 가끔 이 방법으로 준 2층 작업을 하기도 한다.

모든 합판 보 작업에서 목공용 본드는 필수로 발라야 하며 합판은 양면에서 교차 설치해야 한다.

이는 역학적 분석이 아닌 개인적인 경험에 따른 분석이란 점을 말하며, 모든 현장에는 책임자가 있고 목수반장이 있으니 그들의 판단으로 작업하면 될 것이다.

합판 보 천장은 한자상(300), 합판상(407), 자반상(450) 모두 설치할 수 있다.

3. 판재 및 마감재 취부 작업

천장에는 수많은 천장 마감용 자재들이 있고, 사용 공간의 용도와 목적에 따라서도 그에 맞는 다양한 소재(목재, 금속, PVC 등)가 천장 설치용 마감 작업에 사용된다.

내장 목수는 천장 작업에 다양한 종류의 석고 보드와 합판, MDF, 흡음 및 차음재, 단열재, 루바 및 각재, 판재 등을 사용하며, 디자인에 따라서 각 자재의 설치 방법도 여러 가지라 할 수 있다.

또한, 천장에 설치되는 각종 장비(기기) 등에 따라서도 소재와 시공 방법이 달라질 수도 있다.

목수가 가장 많이 사용하는 천장 마감재 작업 중 몇 가지만 이야기하자면 각종 석고 보드, MDF, 합판 등에 도배·도장 작업을 하고 또 다양한 루바, 흡음판, 마감용 판재와 각재 등으로 마감 작업에 사용하고 있다.

① 석고 보드 위 도배 마감

일반 주택에서 가장 많이 시공하는 천장의 마감 작업은 도배 작업이다.

도배로 마감 작업을 한다면 보통 석고 보드 1py(석고 보드 한 번 치기)를 주로 시공한다. 도배로 마감 작업을 하면 크랙이 거의 생기지 않기 때문에 석고 보드 1py라 하더라도 거의 하자가 없다.

가끔 건축의 설계도서에 석고 보드 2py(석고 보드 두 번 치기)로 명기된 경우라도 현장에서 도배로 마감 작업을 한다면, 석고 보드 1py로 변경하여 시공할 때도 상당히 많다.

천장 작업 전에 현장 책임자에게 건축의 설계도서에 명기된 천장에 석고 보드가 2py임을 확인하면 현장 책임자에게 확인하고 천장 작업을 해야 한다.

② 석고 보드 위 도장 마감

천장이 도장 마감일 경우에는 석고 보드 2py를 기본으로 작업한다.

이는 천장 틀 작업에 사용하는 각재 다루기가 완전 건조 상태가 아니기에 건조되면서 생기는 변형에 크랙이 생기는 걸 줄이기 위한, 방법이며 완전 건조 목이라 하더라도 천장 시공 후 약간의 변형은 생길 수도 있기 때문이다.

또한, 온도의 변화와 문을 여닫으면서 생기는 풍압 등에도 천장도 움직이고 흔들리기 때문에 석고 보드 1py와 2py를 교차 시공하여 크랙이 생기는 걸 줄이기 위한 시공 방법이다.

도장 마감 작업에 석고 보드가 1py로 시공되면 석고 보드의 조인트(연결 부위)에 도장면이 갈라질 수 있어서 이를 조금이라도 줄이기 위해서는 석고 보드 2py를 기본으로 작업해야 한다.

현장의 책임자가 석고 보드 1py를 아주 강하게 요구하지 않는다면 도장 마감에는 무조건 석고 보드는 2py를 기본으로 작업을 해야 할 것이다.

③ 루바 마감

천장을 루바로 마감한다면 천장 틀에 바로 루바 작업을 하는 것이 변형과 하자가 가장 적다.

하지만 구조가 복잡한 천장에 틀 작업만으로는 루바 설치가 까다롭고 작업 시간도 오래 걸리고 틀에 맞춘 루바 설치로 인해 물량도 더 많이 들어간다.

루바로 가공되는 수종으로는 편백(히노끼), 미송, 레드파인, 삼목, 스프러스, 향목이 가장 많이 가공되며 사용된다.

천장과 벽체에 루바 마감 작업이라면, 루바 설치 전에 5mm 합판을 먼저 설치하고 루바를 설치하는 걸 기본으로 하고 있다.

하지만 석고 보드로 작업해도 된다. 석고 보드로 작업을 한다고 하자가 발생하는 건 아니기 때문이다.

하지만 석고 보드에 루바를 설치할 경우, 루바의 건조 상태가 좋은 것만 골라서 작업해야 한다.

건조가 덜 된 루바로 작업을 한다면 심각한 하자가 생길 수도 있고 또한, 하자가 발생한다면 하자 보수가 매우 까다롭고 어려울 수도 있다.

④ 흡음판 마감

흡음판 및 차음재로는 목모 보드, 흡음(타공) 보드, 아트 보드, 아트 사운드, 계란판 등이 있다.

내장 목수가 현장에서 작업에 사용하는 경우는 매우 드물지만 그래도 가끔은 음악실 공사 등에 흡음(타공) 보드와 아트 보드로 천장을 마감하기도 한다.

이때에는 충진재가 아닌 이상 차음 석고 보드로 먼저 작업 후에 마감재로 설치하면 된다.

4. 천장 등박스 및 단 천장

천장 등박스는 천장에 직간접 조명을 설치하기 위한 방법 중 하나로 매입, 다운, 간접 등박스 등 다양한 명칭으로 불린다.

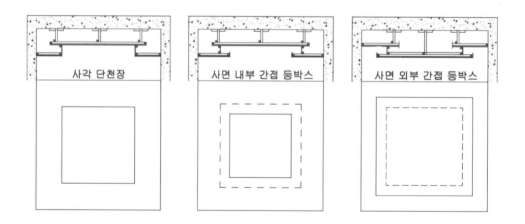

등박스를 어떻게 말과 글로 설명 설명할 수 있을까? 고민 끝에 가장 많이 사용하는 등박스와 단천장의 단면도를 몇 가지 그려 봤다.

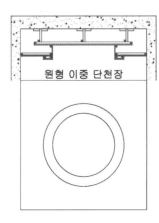
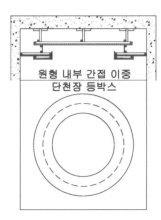
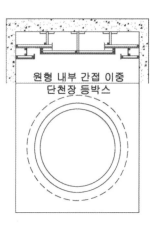

등박스의 기본 단면은 이 정도지만 이 형태의 변형으로 2단, 3단과 아치(원형) 등을 이용한 수많은 디자인을 할 수 있고, 평면에 디자인은 각종 다각형과 원, 자유 곡선 등을 사용해 디자인할 수도 있다.

이때, 작업 현장의 천장에 설치할 등박스의 크기와 배치는 매우 중요하다. 넓은 현장에 작은 등박스는 정말 어울리기 쉽지 않기 때문이다.

간지목재 대표 사무실 (디자인 및 시공)

간지목재 등박스 작업 중 설치 사진

대포항 대게(시공)　　　　　　하남(디자인 및 시공)

한의원(시공)　　　　　　강서구(디자인 및 시공)

속초 병원장 주택(디자인 시공)

동탄(시공)

속초(시공)

안마 룸(디자인 및 시공)

평택(디자인 및 시공)

연수원(디자인 및 시공)

과수원 주택(디자인 및 시공)

한의원(시공)

평창동(시공)

속초 디자인 존 (시공)

천장 등박스는 현장의 여건과 상황에 따라서 디자인도 만드는 방법도 다를 수 있다.

등박스는 많은 디자이너와 시공자가 공들여 만든 등박스를 참고로 나만의 새로운 디자인을 할 수 있으면 현장 작업에 많은 도움이 된다.

6 몰딩

몰딩이란, 어떠한 물건을 만들 때 마무리를 깔끔하게 하기 위한 디자인적 요소 중에 하나다. 사람이 살아가는 모든 건축물뿐만 아니라 자동차, 비행기 등 모든 곳에 몰딩을 사용한다.

그럼 건축에는 얼마나 다양한 종류의 몰딩이 있을까? 건축물에 사용하는 몰딩은 천장 몰딩, 코너 몰딩, 문선 몰딩, 메지 몰딩, 등박스 몰딩, 고시 몰딩, 마이너스 몰딩 등이 있으며, 코너 비드와 걸레받이도 몰딩의 일종으로 본다.

몰딩의 종류로는 걸레받이, 평 몰딩, 계단 몰딩, 사선 몰딩, 배꼽 몰딩, 앤티크 몰딩, 액자 몰딩, 코너 몰딩, 코너 비드, 마이너스 몰딩 등이 있으며, 몰딩의 소재로는 목재, 알루미늄, SUS, PVC, 우레탄, MDF, 석고, 고무, 돌 등 다양한 소재로 만들어지고 있다.

그럼 건축에서 내장 목수가 가장 많이 사용하는 천장 몰딩, 문선 몰딩, 걸레받이, 고시 몰딩, 배꼽 몰딩, 코너 몰딩을 알아보자.

1. 천장 몰딩

건축에서 천장과 벽면이 만나는 코너를 마무리하는 작업으로 가장 많이 사용하는 몰딩은 PVC와 MDF에 필름 또는 시트지 등으로 마무리한 기성품이다. 몰딩으로는 사선 몰딩, 평 몰딩, 계단 몰딩 등이 있다.

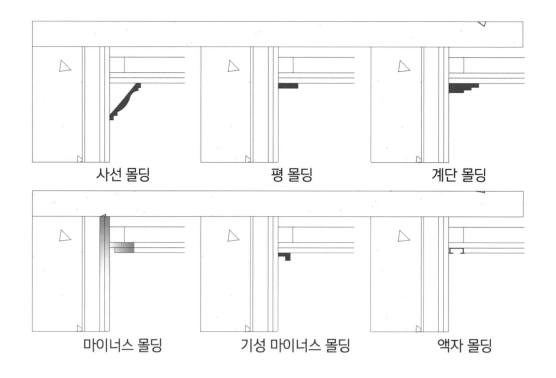

사선 몰딩   평 몰딩   계단 몰딩

마이너스 몰딩   기성 마이너스 몰딩   액자 몰딩

또, 소재로는 PVC, MDF, 목재, 우레탄, 알루미늄 등이 있으며 생산하는 회사마다 소재, 디자인, 색상, 규격 또한 모두 달라서 천장 몰딩을 주문하기 전에 미리 확인하고 발주해야 할 것이다.

이외에도 천장, 마이너스, 메지 몰딩도 있으며 몰딩이 없이 시공하는 무(無)몰딩 작업도 있다.

2. 걸레받이

걸레받이는 건축의 벽면과 바닥면이 만나는 벽면에 설치하는 몰딩의 한 종류로 도배로 마감하는 경우라면 설치하는 것이 맞다.

청소할 때 사용하는 걸레로 인한 벽면의 손상을 방지하기 위한 순기능도 가진 몰딩이 걸레받이다.

일반 신축 상가에서는 도장으로 걸레받이를 그려서 마감하는 경우가 대부분이지만, 상업 시설이나 일반 주택에서는 도장으로 마감하는 경우라도 걸레받이를 설치한다.

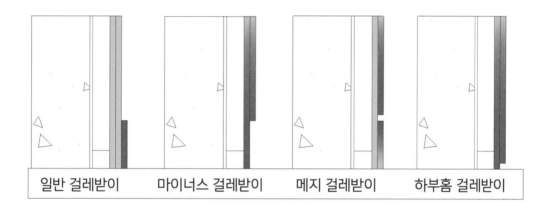

| 일반 걸레받이 | 마이너스 걸레받이 | 메지 걸레받이 | 하부홈 걸레받이 |

걸레받이 또한 PVC와 MDF에 필름 또는 시트지로 마무리한 제품을 가장 많이 사용하지만, 현장에서 합판 또는 MDF를 80~100mm 정도로 켜서 설치한 후에 도장으로 마감 작업을 하는 경우도 아주 많다.

걸레받이는 기성품으로 만들어진 원목 도장, MDF, PVC, 알루미늄 등으로 만들어진 걸레받이도 많이 생산 판매하고 상업 시설의 인테리어 공사에서는 SUS 등 금속판을 절단해서 걸레받이로 사용할 때도 있다.

걸레받이는 일반, 마이너스, 메지, 걸레받이로 나눌 수도 있으며 일반 걸레받이는 시공된 벽면에 붙여 시공한다.

마이너스 걸레받이는 벽면의 마감재보다 안쪽으로 들어가 있는 몰딩을 말한다.

메지 걸레받이는 벽면과 같은 면에 있지만, 그 구분을 메지로 나눠 주는 몰딩이다.

3. 문선 몰딩

문선 몰딩은 문틀과 설치 벽면 사이의 마감을 깔끔하게 하기 위한 작업으로 도배 마감 작업이라면 모두 문선 몰딩을 설치한다고 보면 된다.

일반 문선 몰딩의 형태

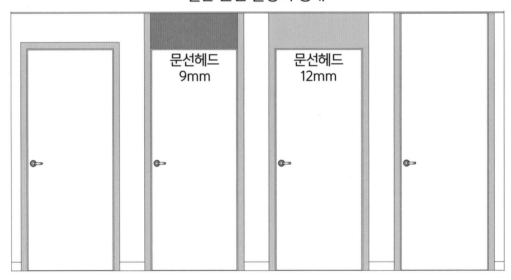

문선 몰딩 또한 문틀의 색상에 맞춘 MDF에 필름 또는 시트지로 마무리한 제품을 가장 많이 사용한다.

일반적인 건축에서는 대부분 양면 또는 단면
에 문선 몰딩을 설치한다.

또 문틀과 벽면 사이에 10×10×10mm의 메지
(홈)을 만들거나 무(無)문선 1, 2번과 같이 문틀
과 벽면을 같은 도장으로 마감 작업을 할 때도
있다.
그리고 무문선 3번과(Out in-door) 같이 거실
쪽으로 문짝을 설치해 거실벽 면에 맞춰 안쪽
으로 열리는 문짝을 설치할 때도 있다.

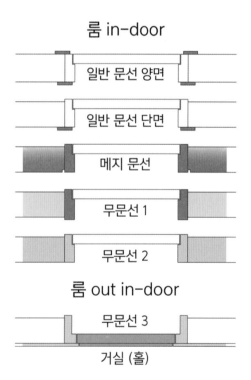

메지 문선 몰딩의 형태

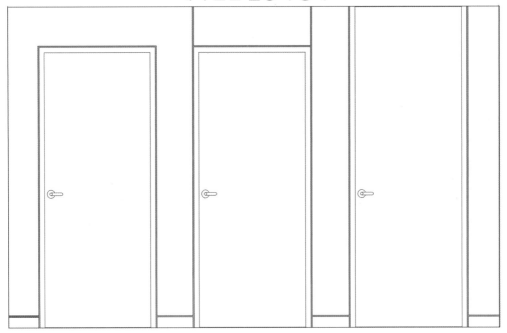

무문선 몰딩의 형태

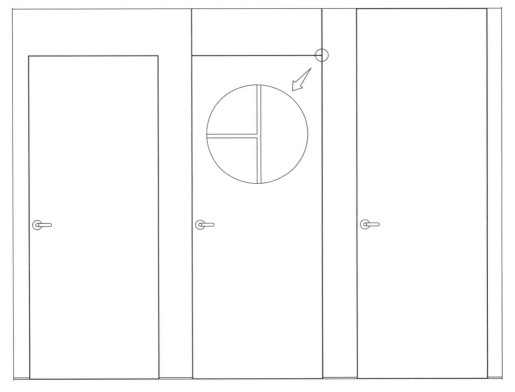

4. 고시 몰딩 및 패널 작업

고시 몰딩을 설명하기 위해서는 패널 작업과 함께 설명해야 할 것 같다.

건축에서 패널 작업이란, 벽면을 상하부로 나누고 상부와 하부의 마감 자재를 달리하는 작업을 말한다고 할 수도 있다.

패널은 일반 음식점에서 가장 많이 사용하는 작업 중 하나다. 높이는 700~900mm 정도이며, 하부를 루바나 평판 등으로 직업하고 상부는 도배나 도장으로 마감하는 작업을 말한다.

이때 패널의 상부를 마무리하는 몰딩을 고시 몰딩이라 말하며 패널 작업 없이 벽면의 걸레받이와 천장 몰딩 사이에 설치하는 모든 몰딩을 고시 몰딩 또는 허리 몰딩이라 한다.

패널 작업을 하는 이유 중 하나는 보기에도 좋지만, 테이블 모서리나 의자의 등받이 같은 것들로부터 벽면을 지키기 위한 숨겨진 기능도 있다.

벽면의 패널과 고시 몰딩의 높이는 테이블 높이에 맞춰서 많이 시공한다.

패널의 마감 작업에 사용할 수 있는 소재 및 디자인은 너무 많아 전부 설명하기란 불가능하다.

패널 작업에 많이 사용하는 방법으로는 기성품 필름 루바 및 평판, 원목 루바, MDF, 합판 등으로 가공하여 도장 및 필름 시트지 등으로 마무리할 때가 가장 많다고 할 수 있다.

여기서 잠깐만 필름과 시트지 마감 작업을 조금만 알고 가자.

필름과 시트지는 일반인들이 봐서는 구분이 어렵다. 필름과 시트지의 가장 큰 차이는 필름은 PVC고 시트지는 비닐이다. 그래서 필름이 조금 더 단단하고 시트지는 부드럽다.

인테리어 필름과 시트지 마감 작업은 두 가지로 나눌 수 있다.

하나는 공장에서 MDF 등에 마감재로 부착된 가공된 제품(필름 평판 등)을 현장에서 시공하는 방법이다.

또 하나는 현장에서 목공 작업 후에 인테리어 필름 또는 시트지로 붙여 마감 작업을 할 때로 나눌 수 있다.

가공된 필름 판재 등 기성품은 시공이 빠르고 싸다. 하지만 선택할 수 있는 색상과 할 수 있는 디자인 작업이 단순하다.

인테리어 필름 현장 시공은 목공 작업 후에 다시 작업해야 하기에 시공 단가가 비싸다.

하지만 필름 작업으로 가능한 모든 디자인 작업을 할 수 있으며, 기성품보다 더 많은 종류의 필름과 시트지가 있기에 선택의 폭이 매우 넓다.

5. 코너 몰딩

코너 몰딩은 벽면과 벽면이 만나 꺾인 곳에 설치하는 몰딩으로, 장식적인 요소보다는 순기능적인 요소가 더 많은 몰딩이라고 할 수 있다.

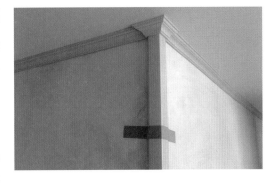

코너 몰딩 양쪽의 벽면에 설치하는 마감 소재가 다르거나, 벽면의 코너에 터치로 인한 오염을 방지하거나, 날카롭게 꺾인 벽면의 모서리에 사람이 다치는 걸 줄이기 위한 몰딩이다.

코너 몰딩은 주로 MDF에 필름 또는 시트지로 마무리한 기성품을 가장 많이 사용하고 현장에서 가공 작업도 할 수 있으며, 코너 비드로 설치하기도 한다.

6. 배꼽 몰딩과 웨인스코팅

배꼽 몰딩은 작고 단면이 둥근 모양 등으로 돌출된 다양한 몰딩들을 말하며 다른 다양한 모양의 몰딩 등과 함께 주로 사용하는 곳은 웨인스코팅 작업이다.

웨인스코팅이란, 각종 몰딩으로 평면의 벽면, 문짝, 패널 작업 등에 몰딩으로 장식하는 모든 방법을 말한다.

이때 주로 사용하는 몰딩이 배꼽 몰딩으로 원목 몰딩에 기본 도장이 되어 있는 기성품도 있으며, 금장 및 앤티크 등과 각종 도장으로 마감된 PVC, 우레탄 등 아주 다양한 제품들도 생산·판매되고 있다.

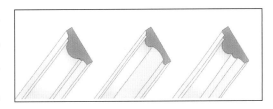

웨인스코팅 작업은 웨인스코팅을 설치할 벽면의 길이와 높이를 확인하고 나눠서 벽면에 먹줄 작업을 하고 배꼽 몰딩 등을 절단해 시공하면 된다.

7 현장 가구 제작 및 설치

현장에서 가구를 만드는 경우로는 세 가지로 나눌 수 있다.

① 자투리 공간을 사용하기 위한 맞춤 가구를 제작하여 만들 때
② 현장에서 작업한 목재와 같은 판재로, 가구 작업을 원할 때
③ 현장에서 의자와 테이블 등을 붙박이로 설치할 때

이중 내장 목수가 많이 하는 가구 작업으로는 상하부 수납장과 붙박이 의자와 테이블이 있고 카운터(Counter)와 안내 데스크, 인포메이션(Information) 등이 있다.

일반 가구 제작은 주로 사무실과 병원 등에서 많이 제작하며 붙박이 의자와 테이블 등은 음식점, 주점 등에서 많이 만들고 있다.

카운터와 인포메이션은 거의 모든 상업 시설에서 손님과의 거래를 위한 곳이라면 어떤 형태건 하나씩은 있다고 해도 무방하다.

가구를 만들 때 사용하는 소재로는 MDF, 집성판, 합판 등 판재를 많이 사용하고 만들어진 가구의 마감 작업은 도장, 타일, 인조 대리석, 천연 대리석, 필름, 금속류 등 사용 가능한 모든 마감 자재를 사용할 수도 있다.

1. 일반 가구 만들기

일반 가구는 하부장, 상부장, 키큰장, 옷장, 신발장, 책장, 진열장 등이 있고 선반도 가구 중 하나다.

또, 가구는 문짝이 없는 오픈장과 문짝이 달린 수납장 그리고 서랍장으로도 나눌 수도 있다. 하지만 지금은 혼합된 가구들도 많아 상부는 오픈장 하부는 서랍과 수납장 등으로 만들어 사용한다.

일반적으로 현장의 가구라도 해도 주로 공장에서 맞춤 가구를 많이들 주문하지만, 현장에서 사용 용도와 공간에 맞게 직접 제작하는 가구도 매우 많다.

가구 제작의 일반적 구조는 사용 공간에 사각의 박스를 용도와 크기에 맞게 만들어 설치하는 거라고 할 수 있다.

하부장 기본 구조도

하부장에서 가장 중요한 건 상판이 측판 위에 올려진다는 것이다.

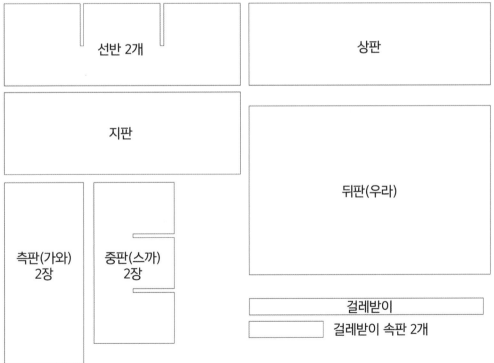

하부장 가공 부품도

상부장 기본 구조도

상부장에서 가장 중요한 건 하판이 측판 속으로 들어간다는 것이다.

상부장 가공 부품도

일반 가구는 가구 양쪽에 측판(가와)과 중앙에 칸막이 중판(스까)이 있고 하부로부터는 걸레받이, 지판과 하판, 선반, 상판이 있으며 뒤판(우라판)이 있다.

① 오픈장

오픈장은 내장 목수가 가장 많이 제작하는 가구 중에 하나로, 문짝이 없는 책장이나 진열장 같은 형식의 가구라고 할 수 있다.

붙박이로 벽면에 설치하거나 이동식으로 제작하기도 하고, 원형 등 다양한 디자인으로 만들기도 한다.

가구에서 가장 많이 사용하는 판재의 두께는 15mm나 18mm이며, MDF를 사용해서 가구를 만들 때는 중밀도 이상으로 한다. 이외에도 다양한 집성판과 합판 등을 사용하여 만들 수 있다.

가구의 제작은 가구에 사용할 판재를 정확한 치수로 절단 가공하면 80%는 끝이 난 거라 할 수 있고 나머지는 조립과 설치다.

가구를 빠르고 정확하게 만들기 위해서는 설치 장소의 정확한 실측으로부터 시작한다.

실측 후 가구의 외경 치수(가로, 세로, 깊이)를 정하고 필요한 칸의 크기와 개수를 그림으로 그려 본다.

만들고자 하는 가구를 그림으로 그리고 가구의 부품도를 다시 그리고 사용할 부품의 개수도 다시 확인한 후에 절단 작업을 하면 된다.

가구 작업에서 실수가 많은 건 사용할 판재의 두께를 한 두께 또는 두 두께를 빼거나 더하는 거라 할 수도 있다.

그래서 실수를 줄이고 잘못 잘라서 버려지는 판재가 없도록 가구의 부품도를 그려서 확인하고 절단해야 할 것이다.

② 수납장

수납장은 문짝이 있는 장이라고 말할 수 있다. 하지만 창고 등 별도의 공간 내부에 있다면 문짝이 없어도 수납장이라고도 한다.

수납장은 주로 상업 시설(병원, 사무실, 매장 등)에서 서류를 보관하거나 자주 사용하지 않는 용품들을 보이지 않게 보관하기 위한 용도로 많이 사용한다.

간단하게 말하자면 가구에 보관한 물건들이 보이지 않게 오픈장에 문짝을 달면 수납장이 된다.

③ 서랍장

서랍장은 현장에서 가구로 만드는 경우는 거의 없다. 하지만 서랍을 만들어야 할 때가 매우 많다.

가장 서랍을 많이 설치하는 장소로는 카운터, 안내 데스크 등이 있다.

서랍장에서 서랍을 만들 때 가장 중요한 내용 하나만 알고 가자. 그림에서 보면 측면판의 사이로 앞, 뒤판이 들어가 있다.

이는 서랍을 만들 때 꼭 잊지 말아야 할 것이다. 서랍은 전면에서 손으로 잡고 당기는 힘으로 열린다. 이때 서랍을 만드는 방법이 잘못되면 전면이 떨어져 부서질 수 있다.

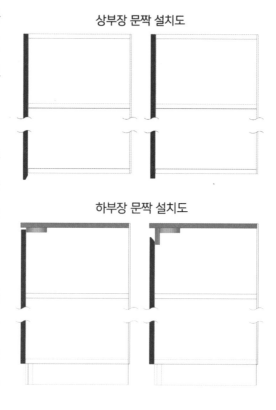

서랍의 기본 구조도

서랍을 만들 때 가장 중요한 건 좌, 우 측면의 판 사이로 앞, 뒤판이 들어가게 만드는 것이다.

④ 가구 문짝

현장에서 만드는 가구에 사용하는 문짝은 두께 18mm의 판재를 주로 사용하며 MDF, 집성판, 합판을 절단 가공해서 가구 문짝으로 많이 사용한다.

상부장 문짝 설치도

문짝을 설치하는 방법으로는 가구의 외부에 설치하는 방법과 가구 내부에 설치하는 방법 두 가지로 나눌 수 있으며 경첩으로는 주로 싱크 경첩 90°와 180°를 사용한다.

하부장 문짝 설치도

싱크 경첩의 종류는 설치하는 위치와 방법에 따라 그 종류도 다양하지만, 현장에서 가장 많이 사용하는 경첩은 외부에 설치하는 오버레이(Overlay) 경첩 90°, 180°를 주로 사용한다.

철물점에서 "싱크 경첩 주세요." 하면 99%는 오버레이(Overlay) 싱크 경첩 90°를 주기도 한다.

내장 목수들은 이 경첩을 사용하여 가구 문짝을 외부뿐만 아니라, 내부로도 설치할 수 있기 때문이다.

이는 내장 목수의 작업(기술)은 기본이 10%에 응용 작업이 90% 이상이기 때문이다.

그래서 내장 목수의 작업을 쉽게 배우는 사람들은 6개월이면 기능공으로 대우를 받기도 하며 10년이 지나도 조공으로 대우받는 사람도 있다.

⑤ 가구 문짝 가공 및 싱크홀 작업

위에서 설명했듯이 현장에서 가구 문짝에 사용하는 싱크 경첩은 90% 이상이 오버레이 (Overlay) 경첩이라서 문짝을 가공하는 것도 가구의 외경을 기준으로 가공하면 된다.

가구 문짝은 측판의 끝 선과 중판의 단면 중앙을 기준으로 실측하고 문짝과 문짝의 사이는 마감 후 3~5mm 정도로 사이를 벌려 가공하면 된다.

하부 장은 문짝은 가구의 상판과 문짝은 5mm 띄고 가구 손잡이를 만들려면 별도 가공 작업을 하면 되고 하부는 걸레받이 선에 맞추면 된다.

상부 장의 경우에는 가구의 하부 선반보다 문짝이 조금 더 내려오는 것이 보기에도 좋고 손잡이로도 사용할 수 있다.

싱크 경첩은 가구를 제작하는 판재의 두께와 문짝의 두께에 따라 설치하기 위한 싱크홀의 위치도 조금씩 달라지기 때문에 싱크홀을 뚫기 전에 다시 한번 확인해야 한다.

간단하게 가구 문짝 설치를 위한 싱크홀 작업 위치를 설명하자면, 가구에 사용한 판재와 문짝의 두께가 줄면 싱크홀의 간격도 줄고, 가구 및 문짝의 두께가 두꺼워지면 간격은 늘어난다고 생각하면 쉽다.

예를 들어 가구를 15mm 두께로 작업을 한다면 3~5mm로, 18mm로 작업을 한다면 4~6mm를 띄고 싱크홀을 뚫으면 된다.

문짝의 두께에 따라 최대 7mm까지 가능하다.

가장 많이 사용하는 싱크 경첩의 싱크홀 비트의 규격은 35◎로 두께가 15mm라면 중심까지가 17.5mm고 가구 문짝에 싱크홀과 문짝 끝 선에 사이를 3~5mm 중 중간인 간격 4mm를 더하여 21.5mm를 싱크홀 작업의 중심으로 하면 될 것이다.

그럼 문짝의 두께가 18mm라면 5mm를 더하여 싱크홀의 중심은 22.5mm로 작업하면 된다.

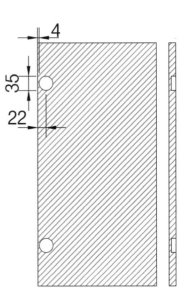

하지만 0.5mm 때문에 고민하지는 말자 문짝의 두께가 15mm나 18mm나 싱크홀의 중심은 22mm로 작업하면 특별한 경우를 빼고 문짝을 설치하는 데 큰 지장은 없다.

싱크 경첩을 설치하기 위한 싱크홀 작업 방법으로는 전동 드릴에 싱크홀 비트 날을 달고 작업하는 방법이 있으나 문짝이 많은 경우에는 시간도 많이 소요되며 작업의 정확성도 떨어지고, 판재의 성질에 따라서 정확한 위치에 싱크홀 작업이 매우 어렵다.

싱크홀 작업에 가장 쉽고 빠른 방법은 루타를 사용하는 방법이며 정확한 위치와 깊이로 작업할 수 있다.

특히 문짝의 두께가 15mm라면 싱크홀의 깊이를 일정하게 작업할 수 있는 루타로 작업해야 편하다.

문짝에 경첩을 설치할 싱크홀을 작업할 때 가구 내부에 설치된 선반의 위치에 경첩이 걸리지 않도록 확인하고 싱크홀 작업을 하기 바란다.

⑥ 가구 문짝 달기

싱크홀 작업이 끝난 문짝의 싱크홀에 싱크 경첩을 넣고 직선을 유지하며 조립하고, 경첩이 달린 문짝을 들고 설치할 위치의 가구에 문짝이 열린 상태로 문짝을 붙인다.

가구 문짝의 상하부에 간격을 확인하고, 가구 쪽 경첩에 피스를 박아 설치하면 끝난다. 나머지는 경첩의 미세 조정 나사로 조정을 하면서 위치를 잡으면 된다.

⑦ 선반

선반이란, 벽면에 설치해 물건을 올려 둘 수 있는 판재를 말하지만, 선반의 사용 목적과 용도에 따라서 선반의 규격 및 설치 방법, 사용하는 자재 및 제작 방법에 많은 차이가 있다.

⑧ 가구 선반

가구를 제작하고, 가구 안에 선반을 설치하는 방법은 두 가지로 나눌 수 있다.

하나는 가구 내부의 선반을 가공해서 가구를 조립할 때 함께 조립·고정하는 방법이 있고, 또 하나는 이동식 선반으로 다보[17]를 설치하고 선반을 올려 두는 방법이다.

가구에 다보로 선반을 설치할 때는 선반의 소재도 유리 금속 등으로 달리할 수도 있고 용도에 맞게 선반을 이동 설치할 수도 있다.

⑨ 벽 선반(켄틸레버, Cantilever)

벽면에 작고 가벼운 소품 등을 장식할 목적이라면 선반 설치용 받침대를 사용해서 선반을 설치하는 방법으로 일반인도 쉽게 작업할 수 있다.

---

17) 가구에 이동식 선반을 설치하기 위한 부품

켄틸레버 선반 설치

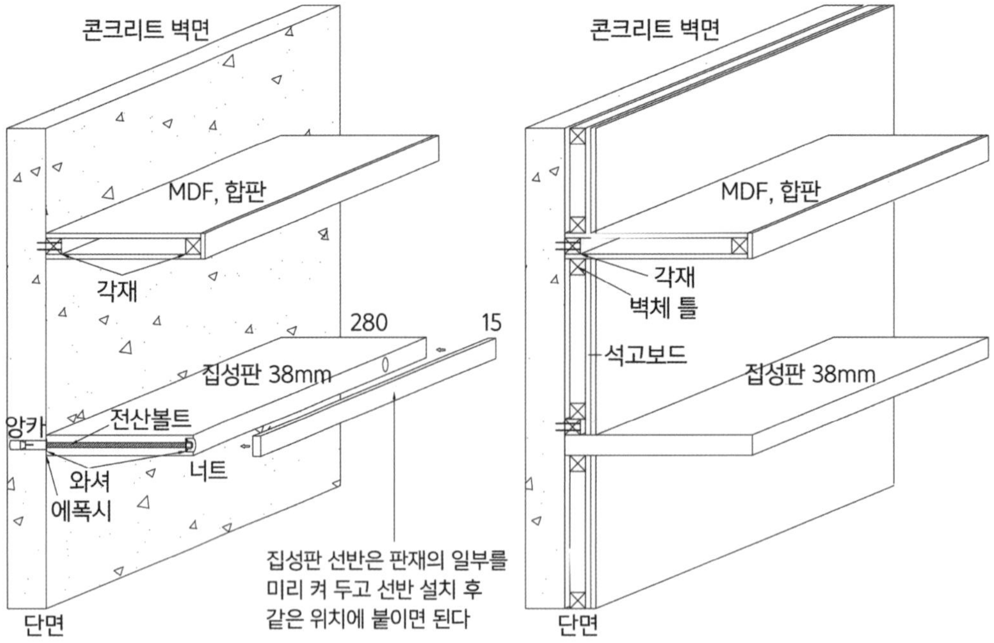

콘크리트 벽면

MDF, 합판

각재

집성판 38mm

앙카

전산볼트

와셔

에폭시

너트

280

15

집성판 선반은 판재의 일부를
미리 켜 두고 선반 설치 후
같은 위치에 붙이면 된다

단면

콘크리트 벽면

MDF, 합판

각재

벽체 틀

석고보드

집성판 38mm

단면

하지만 벽면에서 바로 나오는 켄틸레버 선반으로 작업을 한다면 선반을 설치할 벽면을 구성하고 있는 소재들을 확인해야 하고, 선반으로 사용할 자재도 알아야만 작업 방법을 정할 수 있다.

벽면이 콘크리트나 시멘트고 도장이나 도배로 마감 작업이 되어 있다면 그나마 쉽게 작업할 수도 있다.

그러나 바탕 벽을 구성하는 소재에 따라서 켄틸레버 선반의 설치 작업은 할 수도, 못 할 수도 있다.

2. 붙박이 테이블 및 의자

붙박이 의자 및 테이블은 주로 상업 시설(음식점, 커피숍, 병원 등)에서 많이 사용하는 방법이다.

공간의 활용도 면에서 좋고 인테리어 디자인과 통일감을 줄 수 있어 현장에서 자주 사용한다.

붙박이 의자 일반 단면도

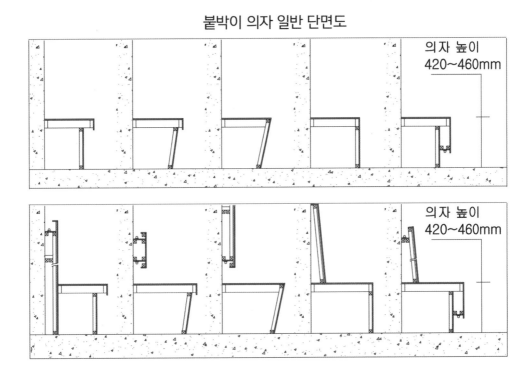

하지만 사용 공간의 목적과 용도를 변경할 때 설치한 의자나 테이블도 철거해야 할 경우도 발생할 수 있으며, 철거 후에는 철거한 벽면의 마감 작업도 다시 해야 하기에 신중한 선택이 필요하다.

① 붙박이 의자 설치

붙박이 의자를 설치하기 전에 현장 책임자와 붙박이 의자의 설치 위치, 규격, 마감 자재, 쿠션 두께, 등받이 설치, 조명등 설치 등을 상의하여 작업하면 된다.

붙박이 의자의 설치 작업 방법과 완성도(품질)는 기술자인 내장 목수의 능력이라 할 수 있다.

대구 세븐 스프링스 붙박이 의자 작업

경기도 이천 주점 공사

붙박이 의자는 다양한 각재(다루기, 투 바이, 구조목 등) 및 판재(MDF, 각종 합판, 집성목 등) 등으로 의자의 기본 골조 및 마감 작업을 하며, 쿠션 작업은 별도로 하는 경우가 대부분이다.

쿠션을 설치할 두께에 따라 의자의 기본 높이에서 내려서 붙박이 의자를 설치하는 걸 잊지 말아야 할 것이다.

상업 시설의 붙박이 의자 기본 높이는 보통 420~460mm로 작업을 하지만 특별한 높이를 원할 경우도 있다.

의자의 폭과 넓이는 현장 책임자가 요구하는 규격으로 작업하면 되고, 설치 장소의 여건에 따라 조금씩 달라질 수도 있음을 미리 알려 주고 작업하면 된다.

② 원형 붙박이 의자 가공 및 설치 작업

붙박이 의자는 직선형의 의자가 대부분이지만 원형 벽면이나 기둥 또는 원형 창이 있는 곳에 설치할 때도 있다.

원형 의자 작업에서 가장 필요한 건 반지름값이므로 원형 의자에 반지름값을 알아야만 작업이 쉽고 빠를 것이다.

이 방법은 아치 천장 및 등박스, 원형 카운터, 문틀 및 문짝 등 매우 다양한 원형 작업에 사용하는 공식이다.

세 번째 목차, '목수의 공식'에서 배운 반지름값을 구하는 공식을 통해 여기서 미리 원형 의자의 반지름값을 계산해 보고 원형 가공 방법을 알아보자.

반지름 구하는 공식=곱나더나 공식

길이 L

높이 H

반, L1 반, L1

반지름 반지름

반지름 구하는 공식=L1*L1/H+H/2
반지름 구하는 공식=반*반/높이+높이/2

그림 1에서처럼 원과 직선이 만나는 곳을 확인하고 양쪽 모두에 표기한다. 표기를 한 곳을 연결하는 먹줄을 치고 치수(길이)를 실측한 후 먹줄의 반으로 나누고 중간점을 표기한다.

표기한 점에서 먹줄의 직각 90°로 벽면까지의 치수(높이)를 확인한다.

그림 1

원형 새시

원과 직선이 만나는 곳
두점의 직선 거리

직선 벽체 직선 벽체

그림 2의 반지름값을 계산해 보자. 반지름값 공식= (반×반/높이+높이/2)다. 먹줄(7106mm)의 절반을 반(3553mm)이라 하고 높이는 1482mm다.

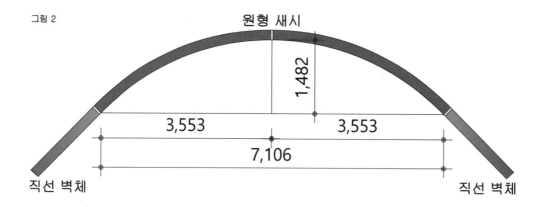

그림 2

원형 새시

1,482

3,553   3,553

7,106

직선 벽체   직선 벽체

루트가 있는 일반 계산기는 순서대로 누르면 된다.

3553×3553/1482+1482/2= 5000.0448 → 5000mm

공학용 계산기라면 각각의 값마다 =을 눌러 줘야 한다.

3553×3553= /1482= +1482= /2= 5000.0448 → 5000mm

두 가지 방식으로 결괏값이 5000mm라는 것을 알아냈다. 반지름값을 알았으니 합판을 가공
해야 한다. 하지만 합판의 규격은 1220×2440mm로 한 번에 원형 가공 작업이 안 된다.

그럼 큰 원을 나누고 작업을 해야 한다. 이때 합판이 가장 적게 사용될 수 있는 원의 분할을
해야 한다.

원을 분할하려면 설치할 의자의 각도를
알아야 한다. 그럼 각도를 계산해 보자.

각도는 이미 알고 있는 숫자로 바로 계
산할 수 있다. 위에 숫자 반값(3553)과
반지름값(5000)만 있으면 된다.

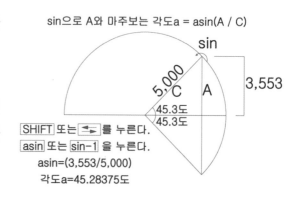

sin으로 A와 마주보는 각도a = asin(A / C)

sin

5,000   C   A   3,553

45.3도
45.3도

SHIFT 또는 ◀▶ 를 누른다.
asin 또는 sin-1 을 누른다.
asin=(3,553/5,000)
각도a=45.28375도

공학용 계산기를 켜고 SHIFT, 또는 ⇄, 누르고 sin⁻¹ 또는 asin 을 누른다.

그리고 각도를 구하고자 하는 숫자(3553/5000)를 누르면 각도가 45.28375°라고 뜰 것이다. 그럼 작업해야 할 전체 각도는 ×2를 하면, 90.5674°다.

다음은 작업해야 할 곳에 둘레의 값을 계산하자. 이유는 사용할 합판의 소비를 최소로 하여 버려지는 합판을 적게 하기 위해서다.

우선 정원의 둘레를 계산하고 360°로 나누고 90.5674°를 곱하면 답이 나온다. 공식은 **π×지름/360×90.5674°**다.

공학용 계산기에 π×10000/360×90.5674= 7903.4966으로 작업해야 하는 원의 둘렛값 7903mm가 나온다.

이 값을 합판의 규격인 1220과 2440으로 나눠 보면 6.477, 3.238이 나온다. 즉, 가공해야 하는 원의 분할 수가 약 7개와 4개라는 걸 알 수 있다.

그럼 원의 분할 공식을 사용해서 정확한 값을 구해 보자. 원의 분할은 원형 계단 및 의자, 테이블, 카운터 등 다양한 곳에서도 사용한다.

공식은 sin(나누고자 하는 각/(나눌 수×2))×2×반지름이다. 위에서 계산한 각도와 반지름 값으로 계산해 보자.

각도는 90.5674°, 반지름은 5000mm고 분할해야 할 개수는 7개와 4개다.

먼저 7개로 나누면 공학용 계산기에 sin(90.5674°/(7×2))×2×5000= 1126.67mm가 나온다.

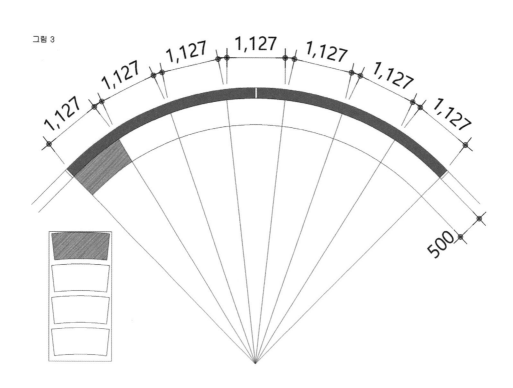

그림 3

다시 4개로 나눈다면 sin(90.5674°/(4×2))×2×5000= 1963.04mm가 나온다.

원형의 작업은 될 수 있다면 조각의 수를 줄이고 길이가 길게 작업하는 것이 좋다.

그럼 조각의 길이가 나왔으니 한 조각의 넓이를 계산해 보자. 계산은 의자의 넓이를 500mm 라고 하자 그럼 의자의 큰 원 반지름이 5000mm에서 의자의 넓이 500mm를 빼면 작은 원 의 반지름이 4500mm다.

270

그림 4

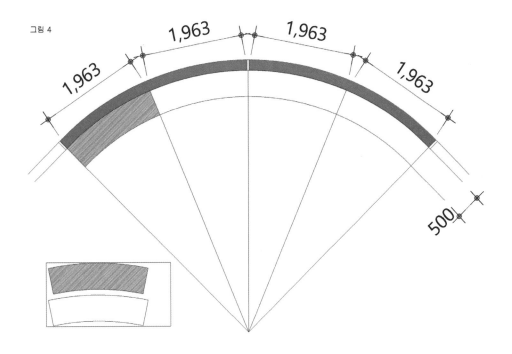

$$\sin(90.5674°/(4×2))×4500mm= 883.369mm$$

여기서 피타고라스 정리(삼각함수) $C^2= (A^2+B^2)$, $C= \sqrt{(A^2+B^2)}$를 알고 있다면, 그림에서 우리는 H의 치수를 구해야 하기에 $B^2= (C^2-A^2)$, $B= \sqrt{(C^2-A^2)}$다. 그럼 H= C−B가 된다.

공식에 그대로 숫자를 대입하면 된다. C= 4500, A= 883.369 B= B라고 한다면, B= $\sqrt{(4500^2-883.369^2)}$이고 B= 4412.44가 나온다.

H= C−B 공식에 대입하면 (4500−4412.4)= 87.556mm다. 그럼, 여기에 의자 넓이를 더하면 500+87.6= 588mm로 원형의 의자 조각에 필요한 합판의 최소 규격은 588× 1964mm다.

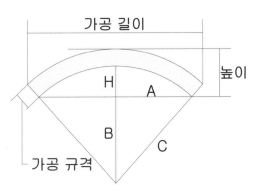

그럼 합판의 규격이 610×2440mm가 넘지 않아 합판 한 장으로 의자 조각을 두 장 만들 수 있다.

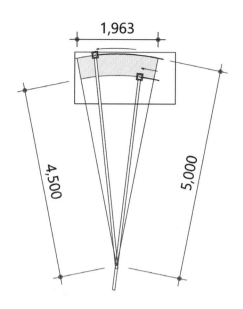

의자 조각은 만드는 방법은 2가지가 있다.

하나는 루타 주걱으로 의자 조각들의 원형 작업을 모두 하고 나머지는 핸드스킬(원형 톱) 가이드로 절단하는 방법이다.

또 하나는 원형의 의자 조각 하나를 만들고 베어링(정 베어링, 역 베어링) 루타 날 1:1을 사용해서 가공하는 방법이다.

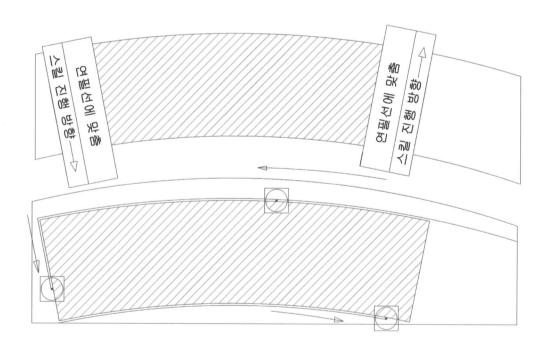

이는 현장의 여건이나 상황에 따라 목수반장의 선택이라 할 수 있다.

또한, 원형 의자의 디자인에 따라 의자의 원형 부속 합판들이 더 필요할 수도 있고 나머지 원형 붙박이 의자 가공 작업들은 기본 작업이라 따로 설명하지 않겠다.

붙박이 원형 의자 설치 작업

③ 붙박이 테이블

붙박이 테이블은 의자와 달리 현장에서 설치하는 경우가 극히 드물고 주로 상업 시설 중 카페나 주류를 취급하는 술집 등에서 가끔 붙박이 테이블을 설치할 때도 있다.

테이블의 기본 높이는 680~750mm로 하며 상판의 넓이는 현장 책임자에게 확인해야 한다.

테이블의 넓이는 사람의 인원수에 따라 정하기도 하지만 음식점의 경우 테이블 위에 올려지는 요리의 종류와 양에 따라 달라지기도 하기 때문이다.

예를 들면, 작업하는 장소가 분식집이 될 예정이라면 음식(반찬 등)의 가지 수가 적어서 테이블이 작아도 된다.

하지만, 한식당이라면 상에 올라가는 반찬의 개수가 많아서 테이블이 크고 튼튼해야만 하중을 버틸 수 있다.

테이블의 규격은 업주의 영업 전략과 성격에 따라서도 달라질 수 있다는 것을 명심하자.

붙박이 테이블은 상판 작업만 하는 때와 테이블 다리까지 작업해야 할 때도 있다.

상판만 작업할 때는 주로 기성품인 금속 테이블 다리를 주문하거나 현장에서 금속으로 제작 작업을 할 수도 있다.

테이블 상판을 가공하는 소재로는 MDF, 합판, 집성판 등이 있으며 마감 작업으로는 도장, 무늬목, 호마이카, 타일, 인조 대리석 등 다양한 소재로도 작업할 수 있다.

3. 카운터 및 인포메이션

인테리어 현장에서 카운터(Counter)와 인포메이션(Information)은 비슷하지만 조금은 다른 의미를 지닌다.

주로 소규모의 음식점과 매장에서는 카운터로 불리며 병원 및 호텔, 은행 등에서는 인포메이션 또는 안내 데스크로 불린다.
하지만 일부 상업 시설인 카페 등에서는 판매대, 작업대, 카운터, 싱크대 등을 복합적으로 설치해 사용하기도 한다.

카운터와 인포메이션은 매장을 방문하는 고객과 마주하며 계산하고 안내하는 기능을 가진 장소로, 인테리어 분야에서는 디자인에 매우 많은 공을 들이고 신경을 쓰는 곳이다.

또한, 인포메이션(Information)은 로비와 함께 디자인되며 그곳만의 독특하면서도 남들과 다른 개성 있는 디자인으로 인테리어의 꽃으로 불리기도 한다.

① 카운터(Counter)

카운터는 대부분 1~2인용으로 소규모 판매점이나 음식점 등에서 계산을 하고 결제를 하는 기능을 가진 가구로, 주로 업주가 상주하며 사용하는 가구다.

카운터에는 카드 결제를 위한 포스기(카드 결제기) 및 음향 장치, 보안 기기 등이 설치되며 카운터에서 사용하는 소품들을 보관하는 기능과 조명을 관리하기 위한 스위치 등을 함께 설치하기도 한다.

카운터는 일반적인 가구와는 다르게 사용하는 공간보다는 외부 쪽에 더 많은 디자인적인 작업을 하며 단차도 많고 곡선도 많이 사용한다.

마감 작업으로는 도장, 필름, 루바 등 다양한 소재들로 작업하며 상판으로는 원목 및 인조 대리석, 타일 등 디자이너들이 사용하고자 하는 다양한 소재들로 마감 작업을 하는 경우도 많다.

② 인포메이션(Information)

인포메이션은 주로 사무(업무)용 공간의 가구로 다인용이라 할 수 있다.

병원, 호텔, 은행, 관공서 등에서 고객과 마주하며 사무적인 업무와 안내 등을 더한 장소이기 때문에 카운터보다 더 많은 장비와 기기들이 설치될 수도 있다.

인포메이션은 카운터와 마찬가지로 아주 다양한 소재와 자재로 작업하기도 하며, 사용 목적과 용도에 따라 놓이는 장비와 기기가 달라지기에 인포메이션을 설치하기 전에 사용자의 조언이 꼭 필요한 가구이기도 하다.

카운터, 인포 기본 단면도

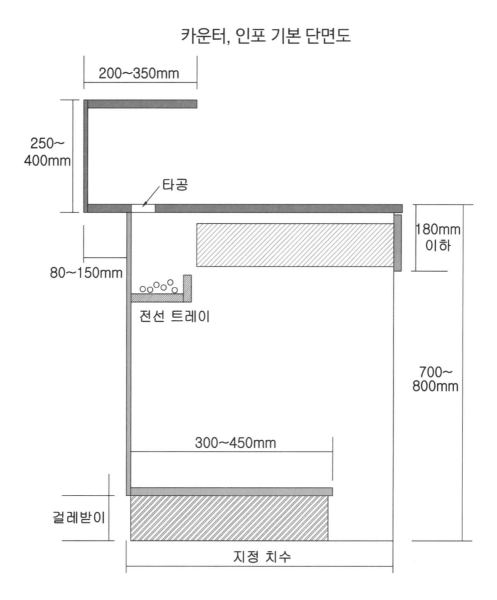

카운터와 인포메이션 제작에 가장 많이 사용하는 단면도로 이를 기본 형태로 내부 쪽은 변형이 거의 없지만, 외부에는 조명 설치 및 마감재에 따라서 수많은 디자인의 변형이 있을 수 있다.

8 목계단

신축 공사에 설치하는 계단의 작업에는 수많은 이론과 법규가 있지만, 인테리어 공사 중 내부에 설치하는 목계단은 법규에 적용받는 경우가 적고 계단을 설치할 공간이 협소하고 작은 공간에서 계단을 만들어야 하는 경우가 상당히 많다.

그렇기에 많이 고민하고 연구해서 가장 편안하고 안전한 계단을 만들기 위해 최선을 다해야 할 것이다.

내장 목수들이 작업하는 계단은 목계단으로 직선 계단, 참계단(꺾인 계단), 원형 계단으로 구분할 수 있고 목계단의 설치 장소에 계단의 기본 구조(콘크리트, 철골)가 있고 업고로 작업하는 방법에 많은 차이가 있다.

직선 계단, 참계단(꺾인 계단), 원형 계단의 경우라도 기본적인 계단 구조 작업이 되어 있다면 목계단 판재로 깔끔하게 포장만 하면 되지만, 계단의 기본 구조가 없다면 목계단의 구조체를 만들고 계단을 설치해야 하기 때문이다.

모든 계단의 기본 원리는 모두 다 같다.

높이를 나눠 단 높이를 계산하고 디딤판의 넓이를 실측하거나 정한 후, 가공 방법을 선택해서 가공한 후 설치하면 된다. 그럼 계단의 실측부터 가공, 시공 후 보양까지 확인해 보자.

1. 목계단 실측 및 계산

주택에서의 계단은 종류에 따라서 실측하는 위치가 달라진다. 계단을 설치해야 할 장소의 환경과 여건에 따라서도 계단 한 단의 높이와 디딤판의 넓이가 달라지기 때문이다. 계단을 설치할 장소의 실측과 판단은 매우 중요하며, 계단의 단 수와 넓이를 정하는 가장 기본적인 작업이라 할 수 있다.

목계단은 계단이 설치될 장소의 높이와 길이를 먼저 실측으로 확인하면서부터 시작된다.

계단의 전체 높이는 이미 정해진 숫자여서 변하지 않지만, 계단의 길이는 계단의 단 수와 넓이에 따라서도 변한다.

하지만 설치 장소가 좁아서 길이도 정해진 값으로만 해야 한다면, 이 치수들을 가지고 계단의 단 수와 넓이를 정할 수밖에 없다.

법규에 적용받는 신축 건물의 계단은 이미 설계 때부터 계단의 설치 규격이 법규에 맞춰 도면에 반영되어 시공되지만, 단독 주택이나 보수 공사 등에 설치하는 목계단이라면 법규에 맞게 설치할 수 있는 경우가 거의 없다.

그럼 계단의 종류에 따라 각각의 실측 방법과 계단 한 단의 높이, 디딤판의 넓이를 계산하는 방법, 계단 설치 먹 작업, 계산기 사용 방법, 계단의 구조 틀 설치, 걸레받이 가공 및 설치하기, 디딤판 가공 및 설치 계단의 난간대 가공 및 설치 방법을 알아보자.

① 계단의 실측, 단(첼판) 높이

목계단의 높이는 각각의 층마다 따로 실측해야 하며, 층마다 첫 번째 계단이 설치될 위치에서 방바닥 최종 마감재 높이와 마지막 계단의 최종 마감재 높이로 계산하는 걸 원칙으로 한다. 이유는 층간의 마감재가 달라질 수도 있기 때문이다.

예를 들어 아래층은 마감재가 타일이고 위층은 온돌마루라고 한다면 방통(방바닥 미장)에서 마감재로 인한 계단의 높이가 달라지기 때문이다.

내부 목공사 현장에서는 바닥의 최종 마감재가 설치되기 전에 목계단 설치 작업을 해야 할 경우가 많다. 그래서 아래층 방통에서 위층 방통까지의 높이를 자주 실측한다.

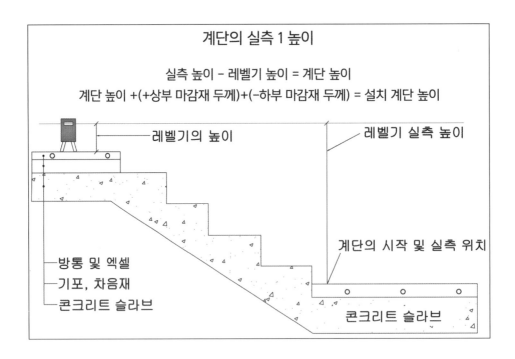

계단의 실측 1 높이

실측 높이 − 레벨기 높이 = 계단 높이
계단 높이 +(+상부 마감재 두께)+(−하부 마감재 두께) = 설치 계단 높이

레벨기의 높이

레벨기 실측 높이

계단의 시작 및 실측 위치

방통 및 엑셀
기포, 차음재
콘크리트 슬라브

콘크리트 슬라브

직선 계단일 경우 위층 바닥에 레벨기를 놓고 상부 목계단이 끝나는 방통 높이에서 레이저 빛까지 높이(치수)를 적고 아래층에서 첫 계단이 설치될 곳에서부터 레이저 빛까지 높이를 바로 실측하고 상부의 레벨기 치수를 빼면 된다.

하지만 계단의 실측은 아래서부터 위로 올라가면서 실측해야 편하다. 그래서 계단의 실측은 아래서부터 위로 실측하는 걸 기본으로 한다.

계단의 시작 위치 근처에 레벨기를 설치하고 아래층 방통에서부터 계산하기 좋은 100mm 단위의 높이 1500, 1800mm 등으로 첫 번째 표기를 하고 레벨기 높이를 맞춘다.

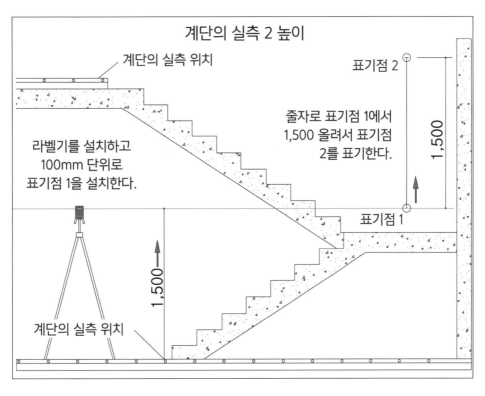

계단의 실측 2 높이

계단의 실측 위치

표기점 2

라벨기를 설치하고
100mm 단위로
표기점 1을 설치한다.

줄자로 표기점 1에서
1,500 올려서 표기점
2를 표기한다.

1,500

표기점 1

1,500

계단의 실측 위치

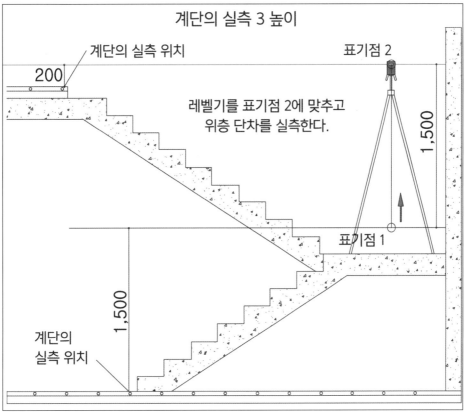

계단의 실측 3 높이

계단의 실측 위치

표기점 2

200

레벨기를 표기점 2에 맞추고
위층 단차를 실측한다.

1,500

표기점 1

1,500

계단의
실측 위치

표기한 곳에서 위쪽으로 줄자를 이용해서 줄자의 백 단위의 치수로 높이 1500, 1800mm 등으로 다시 두 번째 표기를 하고 레벨기를 이동 설치한다.

줄자로 표기한 두 번째 표기점에 맞춰 레벨기를 설치하고 계단의 상부가(위층 방통) 보이면 상부와 레벨기의 높이를 확인하면 실측은 끝난다.

하지만 상부가 안 보이고 계단이 더 높다면 줄자로 세 번째 표기를 하고 실측하면 된다.

아래층 방통에서 위층 방통까지 높이 실측이 끝났으면 마지막 계산을 해 보자. 이때 아래층의 마감 자재 두께는 항상 −(마이너스)로 하고 위층 마감재는 +(플러스)라고 하자.

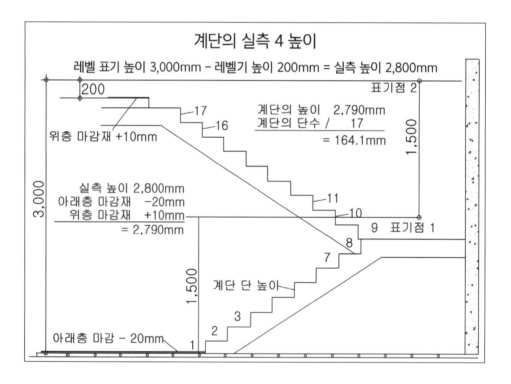

실측 높이에 아래와 위층의 마감 자재를 모두 더하면 계단의 설치 높이가 나온다.

예를 들어 계단을 설치할 곳에 아래층 방통에서부터 위층 방통까지 높이가 2800mm고 아래층의 마감재가 −20mm 위층은 +10mm라면 마감재의 차이가 −10mm다.

그럼 계단의 최종 설치 높이는 −20+10+2800= 2790mm다.

다시 한번 해 보자. 아래층에 마감재는 −5mm고 위층이 +15mm라고 하면 마감재의 차이는 +10mm다. 그럼 −5+15+2800= 2810mm로 계단의 최종 설치 높이는 2810mm다.

그럼 계단을 설치할 곳에 계단 한 단의 높이를 계산해 보자. 계단을 설치할 곳에 구조물이 없다면, 일반적으로 계단을 사용할 때 가장 편안하다고 느끼는 치수(160~180mm)로 작업하면 되지만, 콘크리트로 만든 설치 구조물이 있다면 콘크리트 계단 구조에 맞게 계단을 설치해야 한다.

콘크리트로 된 계단 한 단의 높이를 구하는 방법은 단수를 확인하는 방법뿐이다. 이때 가장 쉬운 방법은 디딤판과 첼판이 만나는 콘크리트 계단의 모서리나 첼판의 개수를 모두 세고 나누면 된다.

예를 들어 계단에 있는 첼판 또는 첼판과 디딤판이 만나는 모든 모서리 개수가 17개라고 한다면 위에서 계산한 계단의 최종 설치 높이 2790mm를 17개로 나누면 164.12mm가 된다.

② 계단의 단 넓이 실측
계단의 단 넓이를 확인하는 방법은 아주 간단하다.

계단 설치 장소에 기본 구조물이 없는 경우라면 디딤판을 설치할 넓이를 미리 정한 후 설치 장소의 여건에 맞는지 확인만 하면 되고, 기본 구조물이 있다면 치수를 확인하고 검토만 하면 된다.

예를 들면 직선 계단에서 디딤판을 설치하기 위한 단 넓이를 250mm라고 한다면 마지막 디딤판의 위치에 따라서 첼판의 개수로 곱하거나 하나를 빼고 곱하면 된다.

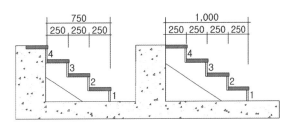

또, 계단을 설치할 때 계단의 폭 만큼에 공간(치수)이 계단을 시작하고 끝나는 정면의 상하부에 필요하다. 이는 사람이 계단을 사용하기 불편하지 않아야 하기 때문이다.

그럼 위에서 계산한 계단의 폭이 900mm 라고 하면 설치할 계단에 시작과 끝나는 정면의 상하부에 막힌 곳이 없는 공간이 1000+900+900= 2800mm 이상이 계단을 설치하기 위한 공간이라 할 수 있다.

이는 계단의 상하부에 계단을 오르거나 내려오기 위한 준비 공간이라고도 할 수 있다.

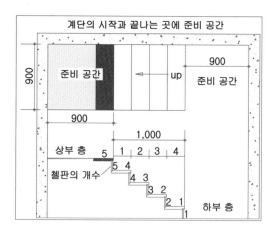

계단을 사용하기 위한 최소한의 준비 공간이 계단의 시작과 끝에 없다면 계단을 설치해서는 안 되고 다른 방법을 연구해야 할 것이다.

계단 설치 장소에 기본 구조물이 있다면 고민할 이유는 없다. 이미 디딤판 설치를 위한 모든 계산이 끝나 있다고 생각해도 된다.

그럼 계단의 디딤판 설치를 위한 단 넓이의 치수는 기본 콘크리트 계단을 설치한 골조 목수에게 확인하면 간단하지만, 현장을 떠난 작업자에게 치수를 확인할 필요는 없다.

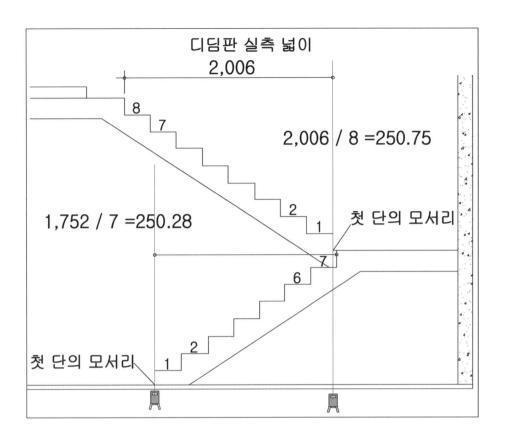

디딤판 실측 넓이
2,006

2,006 / 8 =250.75

1,752 / 7 =250.28

8
7
2
1
첫 단의 모서리
7
6
첫 단의 모서리
2
1

설치할 계단의 디딤판 치수를 확인하는 방법은 두 가지로 하나는 한 단씩 치수를 확인하고 더하고 나눠 평균값을 찾는 방법과 첫 계단의 모서리에 레벨기를 띄우고 줄자로 실측이 가능한 여러 단에 치수를 재고 나눠 디딤판의 평균값을 구하면 된다.

그림에서처럼 레벨기를 띄우고 실측한 1752mm를 7로 나눈 값= 250.28mm와 위의 계단 2006mm/8= 250.75mm가 나오면 이를 더하고 나눈 값 (250.28+250.75)/2= 250.515mm 다. 그럼 반올림으로 251mm나 버림 250mm 중 하나를 택하면 된다.

③ 계단 설치 먹 작업 및 계산기 사용 방법

계단을 설치할 기준 벽면을 정하고 계단의 하부에 레벨기를 설치하여 기준 벽면에서 계단의 상부와 하부가 같은 치수(예: 340)로 레벨기의 세로 선을 맞추고 레벨기의 가로 선에서 첫 계단을 설치할 첼판의 설치 각재 먹을 작업한다.

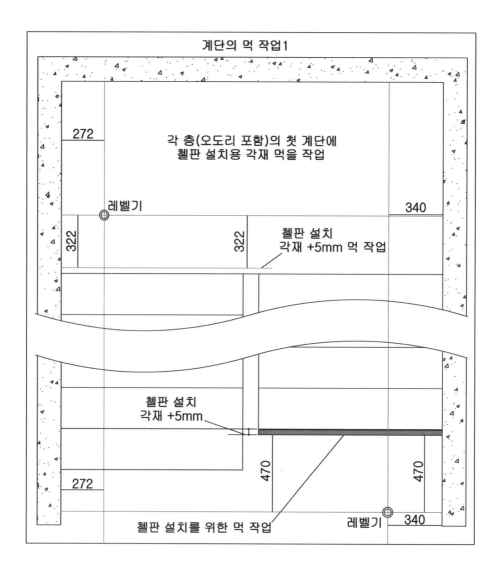

계단의 먹 작업1

272

각 층(오도리 포함)의 첫 계단에
첼판 설치용 각재 먹을 작업

레벨기

340

322

322

첼판 설치
각재 +5mm 먹 작업

첼판 설치
각재 +5mm

470

272

470

첼판 설치를 위한 먹 작업

레벨기

340

이때, 첼판을 설치할 각재의 두께를 확인하고 각재의 두께에 조금에 여유(5~10mm)를 주는 것이 좋다.

첼판의 설치 각재 먹을 작업했다면 그 먹줄에 레벨기를 설치하고 먹줄에 맞춘 벽면에 세로 먹 작업을 한다. 그러면 1차 작업이 끝난 것이다.

다음은 디딤판 설치 먹 작업을 해야 한다.

디딤판 설치 먹 작업은 위에서부터 먹 작업을 해야 한다. 이유는 사용할 계단의 판재 디딤판의 두께를 전부 내려서 디딤판 설치 먹 작업을 해야 하기 때문이다.

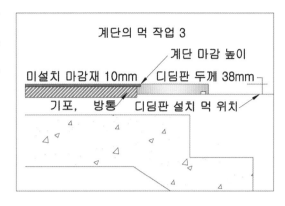

앞에서 이미 계산한 상하층의 바닥재의 최종 마감재에서 마감까지의 치수 아래층이 –20mm고 위층이 +10mm라면 마감재의 차이는 –10mm다. 그럼 2800–10mm로 계단의 최종 설치 높이는 2790mm다. 그럼 2790mm를 계단의 모서리 17개로 나누면 2790/17= 164.1mm로 계단 한 단의 높이가 164.1mm다.

이 숫자를 일반 계산기에서는 164.1mm를 입력하고 더하기를 두 번 누르고 =을 누르면 164.1mm, 다시 =을 누르면 328.2mm, 또 누르면 492.3mm로 앞에 숫자에 164.1mm씩 더해지는 걸 알 수 있다.

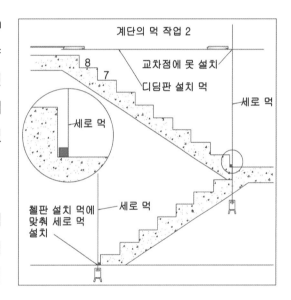

스마트폰 계산기로는 164.1mm를 입력한 뒤 +를 누르고 다시 164.1mm를 입력한 후 =을 눌러 가면 일반 계산기와 같이 숫자가 더해지는 걸 알 수 있다.

이렇게 더해지는 숫자를 미리 메모할 수 있는 종이나 판재 등에 적어 두고 계단 상부의 최종 마감 높이에서 계단 디딤판의 두께 내려서 표기한 곳과 첼판의 설치 수직 먹의 교차점에 못을 박는다.

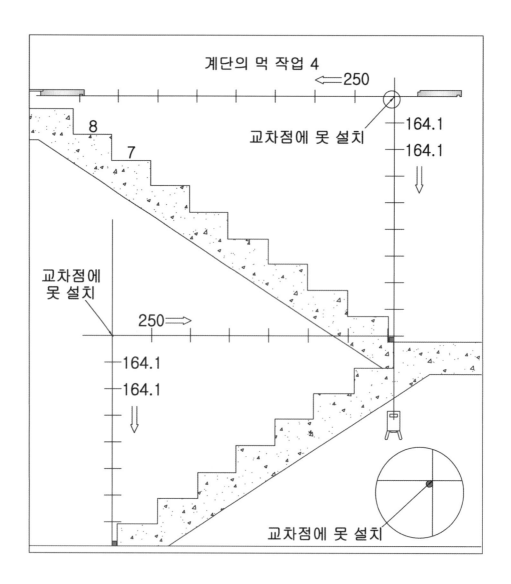

계단의 먹 작업 4

두 개의 먹줄이 교차하는 곳에서 수평 먹줄의 하부, 수직 먹줄에서는 계단이 설치되는 방향으로 못의 둘레에 두 선이 접하게 그림에서처럼 표기를 위한 못을 설치한다.

이 못에 줄자를 걸고 수직 선상에 아래로 높이를 나눈 숫자 단 높이(164.1)를 표기하고 수평선에는 단 넓이 숫자(250)를 표기해 가면 된다.

마지막으로 대각선에 먹줄을 치고 길이를 실측한 후 나눈 값을 계단의 사선에 첼판 및 디딤판의 계산 방법과 같은 방법으로 표기하고 사선의 표기점과 수직 수평선을 연결하는 먹줄을 치면 계단의 먹 작업은 끝난다.

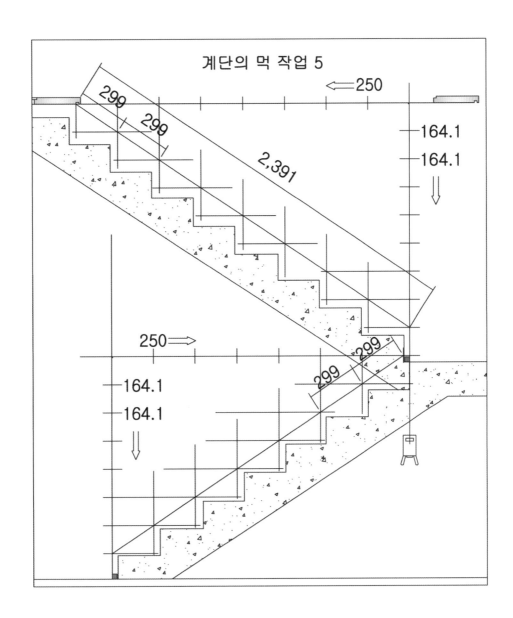

계단의 먹 작업 5

표기가 끝난 사선의 표기점과 수직과 수평의 표기점을 연결하는 먹줄을 칠 때 수평의 먹줄은 아래서부터 위로 수직의 먹줄은 위에서부터 아래로 작업하면 더욱 깔끔하게 먹 작업을 할 수 있다.

여기서 계단의 걸레받이를 설치할 경우라면 굳이 계단의 먹 작업은 전부 할 필요가 없다. 그럼 실측과 계산이 끝났다면 계단 판재의 가공 작업에 들어가 보자.

2. 목계단 가공

① 계단의 걸레받이 가공

목계단의 걸레받이는 그 모양에 따라 두 가지로 나눌 수 있으며 하나는 계단을 따라 꺾인 걸레받이로 'ㄱ' 자 또는 'ㄴ' 자 걸레받이고, 또 하나는 계단의 경사각과 같은 걸레받이라 할 수 있다.

계단의 걸레받이는 설계자의 의도와 디자인에 따라서 설치 방법 및 소재가 다양하지만, 가장 많이 사용하는 방법으로는 계단 판재와 같은 수종의 집성판으로 벽면에 붙여 걸레받이의 경사각이 계단의 경사각과 같은 걸레받이를 설치할 때가 가장 많다.

그래서 일반 걸레받이는 누구라도 할 수 있기에 여기서는 계단의 사선 걸레받이만 설명한다.

걸레받이 가공은 계단의 설치 구조물(콘크리트, 철골 등)이 없는 계단의 구조 틀 가공과 같은 방법으로 걸레받이는 계단과 같은 수종의 집성판 15, 18mm를 주로 가공해서 만들어 설치한다. 그럼 계단에 사용할 걸레받이의 규격을 계산해 보자.

우리는 이미 계단의 먹 작업에서 계단의 단 높이와 넓이를 계산했고 계단 한 단의 사선에 길이도 알고 있다.

그럼 이미 알고 있는 수치로 높이 H의 값을 구해 보자.

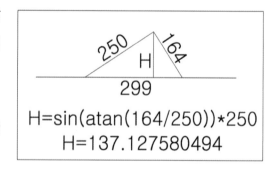

공식
$H = (\sin(\operatorname{atan}(164/250)) \times 250$
$H = (\sin(\operatorname{atan}(250/164)) \times 164$

스마트폰 공학용 계산기에서 눌러 보자. 먼저 sin을 누르면 sin(이라고 표기된다. 그럼 ⇄ , 누르고 tan⁻¹, 을 누르면 **sin(atan(** 가 표기된다. 이때 단 넓이/단 높이 또는 단 높이/ 단 넓이의 치수를 쓰고 가로 닫기 두 번))을 하고 × 뒤쪽의 치수를 쓴 후 =을 누르면 답이 나온다.

계산이 어렵다면 판재에 직각자로 단 넓이 치수 250mm와 단 높이 164mm를 그리고 줄자로 치수를 확인하면 쉽다.

여기에 디딤판(38mm)의 두께에 의한 사선의 길이도 더해야 한다. 이건 간단하다. 정확한 계산으로 할 수도 있으나 굳이 그럴 필요를 못 느낀다. √2×디딤판 (√2×38= 53.74) 두께만 더하면 걸레받이 가공 작업에 큰 오차 없이 계산할 수 있다.

그럼 필요한 걸레받이 가공 규격은 (H= 137+√2×디딤판= 54 사용할 걸레받이 80)= 271mm로 10mm 단위로 변경해서 270mm로 절단 가공하면 된다.

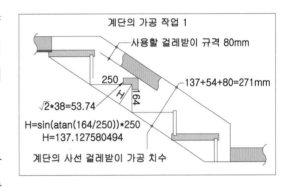

계단의 가공 작업 1
사용할 걸레받이 규격 80mm
250
137+54+80=271mm
√2×38=53.74
H
164
H=sin(atan(164/250))*250
H=137.127580494
계단의 사선 걸레받이 가공 치수

계단의 걸레받이를 만들 집성판재의 규격을 계산한 후 길게 절단한 판재에서 줄자를 걸고 현장에서 각 층에 사용할 걸레받이의 높이에 계단에서 사용할 디딤판의 두께를 더한 치수를 표기한다.

표기한 곳에서 걸레받이를 가공할 방향 쪽으로 표기한 선상에 못의 둘레가 접하게 못을 박는다. 못에는 줄자를 걸어서 치수를 표기하고 빼야 하기에 줄자를 걸어서 버틸 수 있는 정도로만 못을 고정하면 된다.
못을 고정했다면 위에서 계단의 단 높이와 단 넓이에 사선 먹줄의 대각선 길이를 실측한 후 나눈 값 299mm를 표기해 가면 된다.

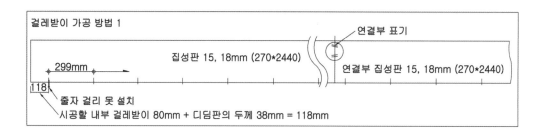

이때 일반 계산기로는 299 + +를 누르고 = =을 눌러 가면 앞에 숫자에 299가 더해지는 걸 알 수 있다. 스마트폰 계산기로는 299+299= 598= = =을 눌러 가면 된다.

그럼 계산기의 숫자 299, 598, 897, 1196, 1495, 1794, 2093, 2392를 노트나 합판 조각 등에 미리 적어 두고 사용하면 편하다.

걸레받이 가공 판재에 표기를 다 했다면 그림 2와 같이 직각자를 판재에 올려 두고 1번 점에 250mm를 2번 점에 164mm의 숫자를 맞춘다.

여기서 1번과 2번 점이 눈으로 보여야 한다. 이유는 치수를 맞춘 직각자에 필기구로 선을 그리면 필기구의 선이 1번과 2번 점에 맞아야 하기 때문이다.

그러기 위해서는 직각자를 164mm와 250mm에 맞추고 가공할 판재의 직각 방향으로 살짝 내려서 1번과 2번 점이 보이게 맞추면 된다.

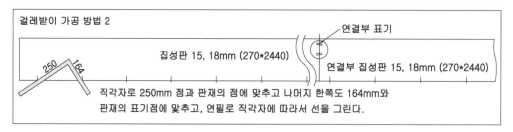

걸레받이 가공 중 상부는 디딤판의 두께와 사용할 걸레받이 두께를 더한 치수를 조기대[18]의 직각으로 치수를 띄고 그리면 되고, 걸레받이 하부에 최소로는 첼판의 연필 선에서 첼판의

---

18) 같은 작업을 반복해서 작업할 때 사용하는 보조 도구

두께에 걸레받이 두께를 더한 곳부터 최대 치수는 걸레받이와 디딤판의 두께로 남는 곳과 만나는 지점이라고 할 수 있다.

설치할 계단의 단수가 적으면 직각자로 작업해도 상관없지만, 가공해야 할 계단의 단 수가 많다면 조기대를 만들어서 작업하는 것이 더 정확하고 작업이 빠르다.

② 걸레받이 조기대 만들기

조기대를 만드는 방법은 아주 간단하다.

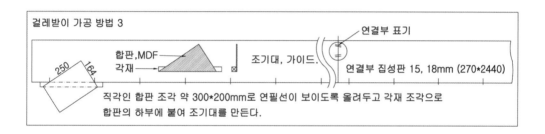

그림에서처럼 5mm, 9mm 합판 또는 MDF로 계단의 한 단(164mm)과 디딤판의 넓이 (250mm)보다 조금 더 크게(약 200×300) 절단한 후에 걸레받이로 가공할 집성판재에 직각자로 1번과 2번에 사선으로 그어진 선이 보이도록 올려 두고 집성판과 합판이 만나는 합판의 하부에 각재를 집성판에 붙여 합판과 각재를 타카로 고정하면 조기대가 만들어진 것이다.

그럼 조기대를 사용하기 편하게 다듬고 나머지 작업을 해 보자.

조기대로 작업한다고 해도 오차를 수정해 가면서 작업해야 한다.

그림에서 1번 점과 2번 점에 맞춘 조기대를 3번과 4번으로 집성판에 선을 그리다 보면 조기대 양쪽 모두를 만족할 수 있게 선이 그려지지 않을 수도 있다.

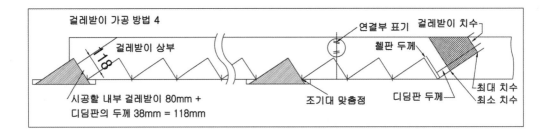

걸레받이 가공 방법 4

걸레받이 상부

연결부 표기

걸레받이 치수

쳌판 두께

걸레받이 최대 치수

시공할 내부 걸레받이 80mm + 디딤판의 두께 38mm = 118mm

조기대 맞춤점

디딤판 두께

최대 치수

최소 치수

이유는 많지만, 이때 오차를 조금이라도 줄일 방법은 조기대의 경사가 90°에 조금이라도 가까운 한쪽으로만 맞춰 그리는 것이다.

③ 핸드스킬(원형 톱) 가이드 만들기

걸레받이로 가공할 집성판에서 계단의 걸레받이를 다 그렸다면 필요 없는 부분을 잘라내야 한다. 이 작업 또한 만만한 작업은 아니다. 현장에서 가장 쉬운 작업 방법이라 해도 한 번에 가공할 수는 없다.

먼저 스킬 가이드[19]를 만들어야 한다.

현장에서 작업하는 인테리어 내장 목수라면 현장의 작업 방법 및 여건에 따라 수많은 종류의 조기대 및 가이드를 만들어서 사용한다.

가이드는 공구상에서 상품으로 만들어 팔고 있는 제품도 있지만, 사용 빈도가 매우 적은 경우라면 현장에서 직접 만들어서 사용하는 것이 더 좋을 수도 있다.

계단판 및 걸레받이를 가공하기 위해서는 원형 톱(핸드스킬)을 사용하는 것이 지금까지는 가장 좋은 방법이다.

---

19) 각종 공구를 사용해서 자재를 정확하게 자르거나 같은 모양 등을 만들 때 사용하기 위한 보조 도구

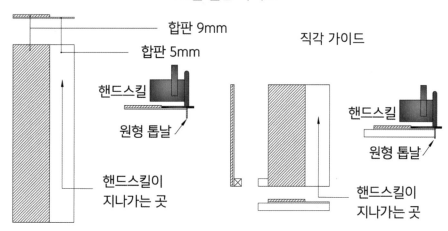

스킬 절단 가이드

합판 9mm
합판 5mm
핸드스킬
원형 톱날
핸드스킬이
지나가는 곳

직각 가이드

핸드스킬
원형 톱날
핸드스킬이
지나가는 곳

가이드는 미리 2개를 만드는 것이 좋다.

하나는 직각으로 자르기 위한 가이드와 자유롭게 자르기 위한 가이드를 만드는 것이다.

큰 차이는 없다. 다만 각재를 직각으로 하나 더 붙이느냐 아니냐의 차이기 때문이다.

계단 작업에 사용하는 가이드는 합판 5mm를 300×400mm와 300×700mm로 켜고, 합판 9mm를 180×400과 180×700mm로 켜고, 각재는 직선이 좋은 각재(다루기) 300mm가 있으면 준비는 끝이다.

길이가 같은 합판끼리 9mm에 합판 5mm를 길이 면에 맞추고 합판 5mm 쪽에서 9mm에 422 타카로 조립하면 된다. 다음 합판 중(300×400) 작은 것에 합판 5mm 짧은 면에 직각이 되도록 각재를 붙이면 작업은 끝이다.

조립된 가이드의 5mm 합판에 원형 톱(이하 원형 톱은 오른손잡이용으로 설명)을 올려 9mm 합판에 붙이고 5mm 합판을 잘라서 버리면 가이드가 완성된 것이다. 여기서 직각 가이드는 톱날을 내려서 각재까지 잘라야 한다.

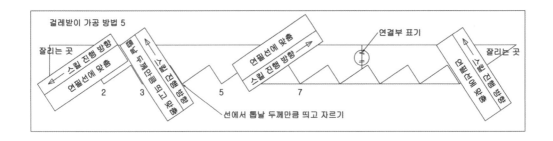

가이드가 완성됐으니 걸레받이를 가공해 보자. 가이드에서 잘려 나간 합판 5mm의 단면을 필기구로 그려진 선에 맞추고 원형 톱으로 외부를 먼저 절단한다.

여기까지는 쉽다. 다음은 직각자로 잘라서 파야 할 곳에(디딤판 자리 250mm) 선을 맞추고 첼판의 연필로 그은 선까지만 자른다. 다음은 첼판의 연필 선에서 원형 톱날의 두께만큼 띄고 디딤판 선을 넘지 않게 자른다. 그럼 걸레받이 가공 판에는 원형 톱날에 절단되지 않은 곳이 남는다. 이는 손톱으로 잘라내면 된다.

④ 계단 디딤 판재의 절단

계단의 디딤판 가공 작업은 계단의 넓이에 따라서 가공 후 단면의 모양이 조금 달라질 수는 있으나 크게 변하지는 않는다.

디딤판은 계단 판의 절단, 가공, 마무리 작업으로 나눌 수 있다. 계단 판재의 절단 방법은 슬라이딩 커팅기(이하 슬라이딩)로 자르는 방법과 원형 톱으로 자르는 방법이 있다.

슬라이딩으로 자르기 위해서는 계단 판재를 들어서 슬라이딩에 올리고 치수에 맞춰 판재를 좌측 우측으로 움직여 맞춰야 하며, 슬라이딩 높이에 맞게 계단재의 양쪽에 고여 자를 때 계단재가 부러지는 것 방지해야 한다.

사용할 목계단 판재가 가벼우면 그나마 좀 나을 수 있지만 무거운 판재라면 상당히 어렵고 힘이 많이 든다. 하지만 원형 톱(핸드스킬)으로 절단 작업을 한다면 혼자서도 쉽고 빠르게 작업할 수 있다.

위에서 설명한 직각 가이드를 만들어 계단 판재를 절단 작업하는 방법이다. 계단 판재의 절단은 계단 판재를 받을 때부터 시작된다.

수량이 많은 계단의 디딤판이 도착하기 전에 미리 다루기를 350~400mm로 잘라서 평면이 고른 위치의 바닥면에 놓고 각재(고임목) 위에 디딤판용 계단 판재를 쌓는 것부터가 목계단 작업의 시작이다.

디딤판 절단 가공 작업

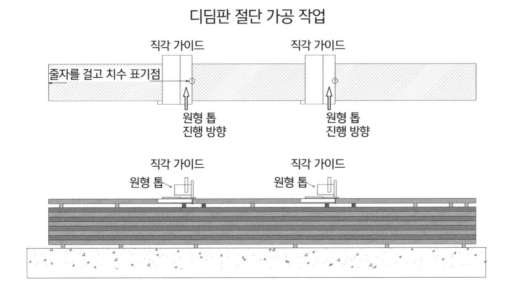

디딤판용 판재를 다 쌓았다면 맨 위에 판재 한 장을 들고 밑에 절단한 다루기를 넣는다. 계단의 폭에 따라 다르겠지만 그림에서처럼 계단의 폭이 1150mm라고 한다면 여유를 주고 1200mm로 절단하면 된다.

절단할 때 주의할 점은 원형 톱이 판재를 절단하며 지나갈 밑에 톱날의 위치를 피해 다루기를 고여야 하며 원형 톱의 톱날에 다루기에 닿지 않아야 한다. 한 가지 더 주의해야 한다면 절단될 계단 판재의 밑에는 꼭 고임목 다루기가 양쪽에 있어 기울거나 들리지 않도록 해야 한다.

계단 판재의 절단은 판재를 바라보고 왼손 쪽에서 줄자를 걸어 치수를 표기하고 표기점에 가이드에 맞추고 절단 작업을 해야 같은 치수로 절단하기 쉽다.

다음은 디딤판의 폭을 계산해 켜야 한다.

앞에서 계산한 디딤판의 먹 작업 넓이는 250mm다 그럼 여기에 첼판의 두께+(노출면×2)라고 할 수 있다.

그럼 가공해야 할 디딤판의 가공 넓이는 250+18+10+10= 288mm다.

⑤ 디딤판 가공 및 마무리

계단 판재의 가공은 디딤판의 가공이라고 봐도 된다. 디딤판의 가공 방법은 계단의 구조에 따라 달라질 수 있지만 간단하게 말하면 디딤판에 첼판을 끼우는 홈을 파느냐 아니냐로 나눌 수 있다.

하지만, 모든 디딤판은 홈을 파는 걸 원칙으로 해야 한다. 판재의 수종에 따라서 변형률 수축과 팽창의 정도가 다르고 습도에 따른 변형이 모두 다르기 때문이다.

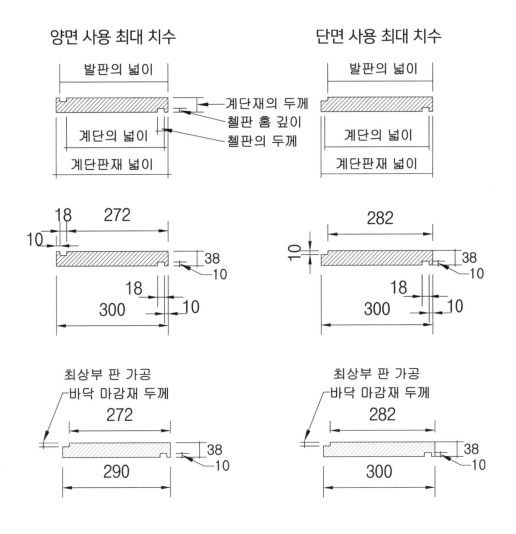

디딤판에 홈을 파는 작업에는 3가지로 계단의 폭 전부를 파거나 한쪽의 일부를 남기거나 양쪽 일부를 남기고 홈을 파는 방법이라고 할 수 있다.

계단의 폭 양쪽이 벽면으로 막혀 있는 경우라면 디딤판 폭을 전부 파서 작업하는 것이 쉽고 빠르다.

한쪽이 벽면이고 계단의 폭 한쪽이 노출로 작업할 경우라면 노출 면의 일부는 남기고 홈을 파야만 목계단의 완성도를 높일 수 있으며, 계단 설치 판재의 변형에도 견딜 수 있다.

한쪽만 노출일 때에는 디딤판에 홈을 파는 방향이 디딤판의 좌측을 남기냐 우측을 남기는지에 따라서 달라질 수 있기에 가공 작업 전에 꼭 확인하고 하나를 가공 후에 다시 한번 확인하는 습관이 필요하다.

디딤판의 양쪽 모두를 노출하는 계단이라면 노출되는 곳 양쪽 면에 일부씩을 남기고 홈을 파서 작업해야만 계단의 품질을 높일 수 있다.

디딤판 가공에는 국내에서 판매되고 있는 계단 판재의 규격에 따라 계단 판재 양면을 모두 사용할 수 있는 디딤판의 넓이 최대 치수가 있으며, 한 면만 사용할 수 있는 최대 치수가 있다.

이는 일반적인 계단 판재 한판의 규격 중 폭이 대부분 300mm이기 때문이다. 물론 수종에 따라서는 600mm 판재도 있다.

300mm 계단 판재를 사용해서 디딤판을 가공할 때 첼판을 18mm로 설치한다고 하면 양면을 발판으로 사용할 수 있는 최대 치수의 가공 작업 최대 치수는 계단의 디딤판 실측 치수가 262mm로 가공 후 발판의 넓이는 272mm가 된다.

목계단 작업 중 디딤판에 첼판을 끼울 홈을 파는 방법은 목수반장의 공구에 따라 달라질 수 있으며, 공구가 없는 목수반장은 홈도 안 파고 목계단을 설치할 때도 아주 많다.

단면 노출 디딤판 첼판 가공 작업

250mm 좌측 계단 디딤판 가공

1200

절단하기

| 300 | 계단의 넓이로 켜기 | 288 |

첼판 가공 작업

126 | 10 | 60 | | 146
10

18mm 홈 파기

좌측 노출면　　디딤판 정면

250mm 우측 계단 디딤판 가공

1200

절단하기

| 288 | 계단의 넓이로 켜기 | 300 |

첼판 가공 작업

| 146 | | 10 | 126
10

가공 단면

10
18
260

18mm 홈 파기

디딤판 정면　　우측 노출면

하지만 아무리 건조 상태가 좋은 집성판재로 작업을 한다 해도 목재는 목재다. 변형이 없다고 장담할 수는 없다.

목계단에 홈을 파는 이유는 목재의 변형을 줄이려는 방법이기도 하지만, 만약 목계단에 변형이 생기더라도 계단 디딤판과 첼판에 변형으로 인한 틈이 생기지 않도록 하기 위함이다.

또, 계단참 상부에 설치할 판재와 계단이 끝나는 상부 마감판의 가공 방법도 조금 다르다.

특히, 디딤판의 상부 마감 판재는 위층에 설치되는 바닥 마감재의 종류에 따라서 판재의 가공 작업이 달라진다.

디딤판의 가공이 마무리되면 사람이 밟고 다니는 모서리가 날카롭지 않도록 대패나 루타로 다듬어 주면 디딤판의 가공 및 마무리 작업은 끝난 것이다.

⑥ 계단의 첼판 가공

계단의 첼판은 계단 한 단의 높이(164mm)에서 디딤판 두께(38mm)를 빼고 디딤판에 홈의 깊이(10mm×2)를 더한 치수가 설치할 첼판의 가공 높이다. 그럼 164-38+20= 146mm가 첼판의 높이이다.

양면 비노출 디딤판 쳴판 가공 작업

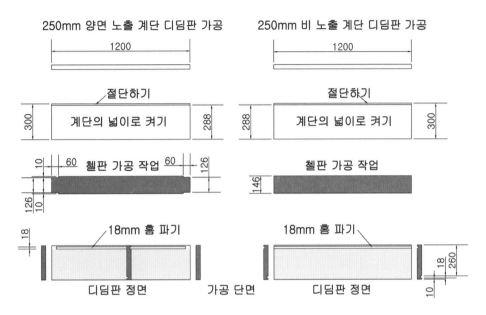

여기서 쳴판의 높이는 146mm보다 0.5mm 정도 살짝 작은 치수로 가공해야 한다.

이는 계단에 많은 물을 쏟았을 경우 계단 판재가 수분을 최소로 흡수해 변형이 생기는 걸 방지하기 위함이다.

첫 번째 계단의 쳴판은 계단 첫 단의 먹줄에 레벨기를 맞추고 조건 없이 실측해야 한다.

이유는 방통 작업이 정확한 수평이 아니라서 좌측과 우측의 높이가 달라질 수도 있다.

첫 단 쳴판의 높이는 먹줄에서 실측한 후 디딤판의 홈 깊이(10mm)만큼 더해 가공 작업을 하면 된다.

이제 가공 작업이 끝났으니 설치를 해 보자.

3. 구조물이 있는 목계단 설치

기본 구조물이 금속으로 만들어진 철계단이라면 따로 설명할 이유가 없다. 하지만 콘크리트 계단 구조 위에 목계단을 설치한다면 계산하고 검토해야 할 일들이 많다. 그럼 다시 한번 순서대로 하나씩 확인하고 설치해 보자.

① 설치할 계단의 높이 실측 및 계산

높이의 실측은 첫 계단이 설치될 장소와 계단이 끝나는 곳의 아래, 위층에 설치할 또는 설치된 바닥재 최종 마감에서 마감재의 높이를 실측한다.

아래층 방통에서 위층 방통까지의 높이 +(+위층 마감재)+(-아래층 마감재)를 더해 최종 설치 높이를 확인한다.

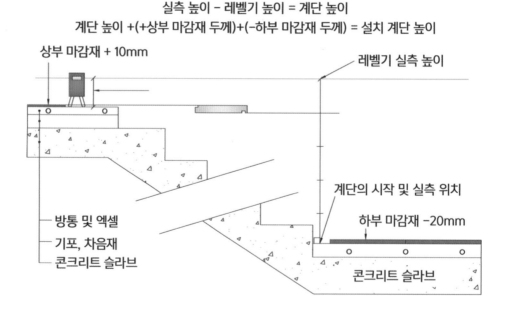

계단의 높이 실측고 계산

실측 높이 – 레벨기 높이 = 계단 높이
계단 높이 +(+상부 마감재 두께)+(-하부 마감재 두께) = 설치 계단 높이

실측한 최종 설치 높이를 쳇판의 수를 확인하고 나눈다.

방통 높이에서 위층 마감재를 더한 곳을 표기하고 표기한 곳에서 아래로 디딤판의 두께만큼 내려서 다시 표기한다.

디딤판 하부의 표기한 곳에서 수평의 먹줄을 친다.

계산기에 최종 설치 높이로 나눈 숫자를 입력하고 + +를 누르고 = =을 누르면 높이를 나눈 수가 계속 더해 간다. 숫자를 더해 가면서 계단의 수만큼 메모한다.

② 계단의 넓이 실측 확인하기
콘크리트 계단은 이미 디딤판의 넓이가 정해진 치수로 설치돼 있다.

계단의 실측 디딤판

바탕면 첫 계단의 모서리에 레벨기를 맞춰 설치하고
디딤판을 실측할 수 있는 만큼 실측 후 디딤판 수로 나누면 된다.

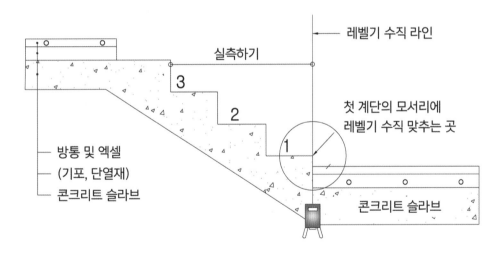

콘크리트 첫 계단의 모서리에 레이저의 수직선을 맞추고 줄자로 실측이 가능한 곳(단)까지의 치수를 재고 실측한 콘크리트 디딤판 수를 확인하고 나누면 된다.

③ 계단의 먹 작업

측정 장비의 발달로 굳이 먹 작업은 안 해
도 상관없지만, 계단에 걸레받이를 설치하
지 않으면 먹 작업을 해야 한다.

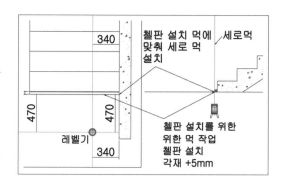

수평선은 위층 최종 바닥 마감에서 디딤판
두께를 뺀 곳에 먹줄을 치고, 디딤판은 첫
계단의 첼판 설치 먹에서부터 디딤판의 넓이를 표기하면 된다.

계단의 첫 단에 처음 설치할 첼판의 뒷면에 들어갈 각재 등의 치수만큼을 띄고 표기한 후 레
이저 수직선을 맞춘다.

이 수직선(세로먹)과 위에 수평선이 만나는 곳에서부터 디딤판 넓이를 표기해 가면 된다.

계단의 단 높이는 첼판의 뒷면에 들어갈 각재 등의 치수만큼을 띄고 표기한 곳에 레이저 수
직선에 맞춘 먹을 치고 계산한 치수를 위에서부터 표기해 내려오면 된다.

디딤판의 넓이로 표기한 마지막 표기점과 계단의 첫 번째 첼판의 표기점을 연결하는 사선 먹
줄을 치고 디딤판, 첼판의 수와 같은 개수로 나누고 나눈 수를 더해 가면서 사선에 표기한다.

표기한 사선의 점과 수직 수평 선상에 있는 점들을 연결하는 먹줄을 치면 작업은 끝이 난다.

계단의 먹 작업

사선의 표기점과 수직 수평의 표기점들을 연결하는 먹을 치면
계단의 설치 먹 작업은 끝이 난다.

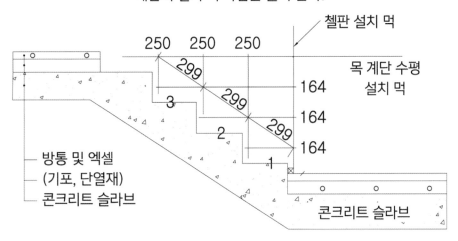

④ 콘크리트 계단의 단 높이의 확인

위에서 표기한 점들에 레이저를 맞추고 콘크리트 계단이 레이저 선보다 위로 올라와 있다면
레이저 선보다 20~30mm 낮은 먹선을 치고, 현장의 책임자에게 바로 하스리[20]작업을 요구
해야 한다.

콘크리트 계단의 하스리 할 곳에 단차가 적을 때는 간혹 현장의 책임자가 첫 계단을 올려 시
공을 요구할 때도 있다.

콘크리트 계단의 첫 단 높이가 레이저 선보다 크게 높으면 계단을 한 단 추가해서 설치할 수
도 있다. 물론 계산과 표기는 다시 해야 한다.

문제가 없다면 다음으로 넘어가자.

---

20) 설치된 콘크리트 구조물을 자르거나 깎아 내는 작업

⑤ 디딤판 하부 구조 틀 설치

건축 설계에서 목계단의 도면을 보면 대부분 계단 하부에 구조 틀을 작업하고 합판을 붙이고 그 위에 계단 판재로 마감하게 그려진 경우가 많다. 하지만 현장에서 작업은 도면처럼 작업할 수 없는 경우가 매우 많다.

콘크리트 계단에 목계단 작업을 하다 보면 여러 가지 이유로 각재나 합판을 설치할 수 없는 변수들이 생긴다. 이를 확인하기 위해 먹 작업은 항상 먼저 해야 한다.

이때, 콘크리트 계단에 목계단 설치 작업을 할 수 있는지 없는지를 판단할 수 있고 하스리(콘크리트를 깨는 작업) 작업을 해야 하는지도 확인해야 한다.

목계단 설치 작업 전에 모든 문제 들을 확인해서 수정할 수 있게 해야 한다. 그래서 목계단 작업에 차질이 생기지 않도록 하자.

그럼 목계단에 계단의 목구조 틀이 꼭 필요한 것일까?

나의 개인적인 생각으로는 필요 없는 방법이며 계단의 목구조 틀은 하자가 생길 수도 있는 방법이라고 생각한다.

이유는 거의 모든 내장 목수들은 작업의 품질도 중요하게 생각하지만, 작업의 능률도 상당히 중요하게 생각한다. 그렇기에 목계단의 설치 작업 시간(인건비)을 줄이기 위해 계단의 벽면 콘크리트에 각재를 고정하고 보강 작업도 하지 않고 그 위에 합판 또는 계단 판재로 마감할 때도 있다.

하지만, 이 시공 방법에서 당장은 하자가 발생하지 않는다. 계단의 사용 빈도에 따라 하자가 발생하는 시간이 다를 뿐이다.

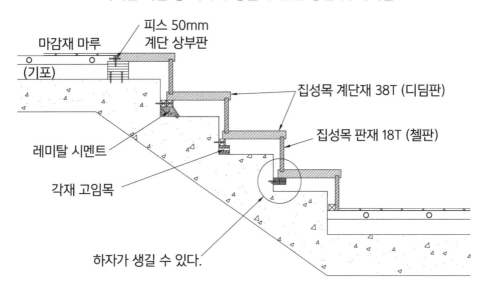

목계단 작업 중 하자가 생길 수 있는 방법 및 대처법

마감재 마루
(기포)

피스 50mm
계단 상부판

집성목 계단재 38T (디딤판)

집성목 판재 18T (첼판)

레미탈 시멘트

각재 고임목

하자가 생길 수 있다.

하자가 생기는 이유는 계단의 벽면에 설치된 각재가 아무리 튼튼하게 설치했다 하더라도 사람이 이동하며 반복적으로 밟는다면 벽면에 설치한 각재는 사람들의 계단 사용 중에 발생하는 충격 하중을 오랜 시간을 버티지 못하기 때문이다.

계단의 벽면에 각재를 설치하고 목계단을 설치한다고 할 때, 하자가 생기지 않게 작업하는 방법은 각재를 계단의 벽면에 고정하고 각재의 하부에 다시 고임목이나 레미탈(Remitar)을 꼼꼼하게 채우는 것이다.

그러나, 계단의 벽면에 각재를 고정하고 고임목을 설치한다면 이 또한 이중 작업이라 말할 수 있다.

실내에서의 목계단은 아주 특별한 경우가 아닌 이상 계단의 폭이 1800mm를 넘는 경우가 없을 것 같다. 나 또한 계단의 폭이 1800mm가 넘는 목계단은 주택 내부에서 작업해 보지 않았다.

그럼 고임목만 설치하고 목계단을 설치한다면 사람이 반복적으로 이동할 때 발생하는 하중을 버틸 수 있을까?

간단한 방법으로 확인해 보면 계단 판재 중 가장 연질인 미송 집성 계단 판재 38×1800mm를 양쪽 끝에 각재를 고이고 계단 판재 두 개를 겹쳐 두고 그 위를 밟고 뛰어 보면 약간의 움직임만 있다.

그 사이에 미송 집성판 18T를 150×1800mm로 가공한 첼판을 세워서 넣고 뛰어 보면 움직임이 거의 없다.

하지만 고임목은 멍에와 같이 간격을 900mm 미만으로 설치해야 더욱 안정감이 있기에 900mm를 넘기지 않고 설치해야 할 것이다.

경험상으로는 목계단의 폭이 1200mm가 넘지 않는다면 고임목을 목계단 한 단에 두 개씩만 설치해도 가장 연질인 미송 집성 계단이라도 사람의 이동 하중을 충분히 견디고도 남는다.

목계단의 이동 하중

계단 한 단의 높이는 164.1mm고 디딤판의 두께는 38mm라면 첼판의 가공 규격은 디딤판 홈 가공에 따라 달라질 수 있다. 도면에서의 칠판 가공 규격은 디딤판의 상, 하부 홈을 10mm로 단 높이 164.1-38+10+10=146.1mm가 첼판의 높이이다. 그럼 하중을 받는 한 계단의 목재 총 높이는 202.1mm로 계단 한 단의 양쪽에 고임목을 900mm 간격으로 두개만 설치한다고 해도 최대 이동 하중 250kg 정도는 충분하다.

계단 하부 디딤판 구조 틀은 설치된 수평 먹선에 맞춰 설치하면 되고 각재로 설치한다면 각재 구조 틀 하부에 합판 고임목을 받쳐서 하자에 대비해야 한다.

계단의 폭이 1200mm가 넘지 않는다면 계단 폭 양쪽 끝에서 150mm 안쪽으로 합판 고임목만 설치해도 계단의 구조상 하자가 발생하지 않는다.

합판으로 고임목계단 구조[21] 틀을 설치할 경우라면 레벨기를 수평 먹점에 맞추고 미리 고임목 작업을 하면 편하다.

위층 바닥의 최종 마감재 높이에서 디딤판 두께(38mm)를 빼고 164mm씩 내려가면서 표기한 하부 계단의 시작점(먹줄)에서 고임목 작업에 불편함이 없는 곳에 레벨기를 설치하고 레벨기 수평의 빛을 시작점 먹줄에 맞춘다.

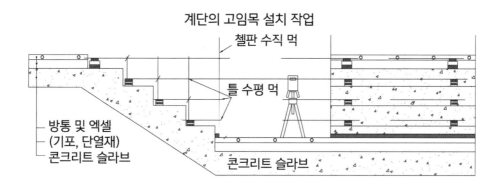

계단의 고임목 설치 작업

계단의 디딤판 폭 양쪽 끝에서 약 150mm 정도 거리를 띄고 고임목(한판 딱지)을 디딤판의 안쪽에 레벨기의 높이에 맞춰 설치한다.

고임목 간의 거리가 900mm가 넘지 않게 또 한 측면에서 150mm가 넘지 않게 양쪽에 두 곳만 고임목을 설치하면 계단에 구조 틀 작업이 끝난 것이다.

---

21) 계단의 수평과 단 높이를 정확하게 설치하기 위한 계단의 구조 틀이다.

계단 첼판 디딤판 설치 작업

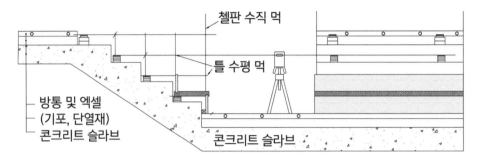

- 첼판 수직 먹
- 틀 수평 먹
- 방통 및 엑셀
- (기포, 단열재)
- 콘크리트 슬라브
- 콘크리트 슬라브

이 방법을 반복해서 다음 계단에도 적용해 가면 된다.

고임목 딱지[22]는 가능하다면 합판으로 만들어 사용하길 바라며 공간이 많을 경우라면 각재 사용도 되지만 MDF와 PB는 사용하지 말아야 할 것이다.

만약에 목계단을 설치 후에 물이 목계단 내부로 들어가서 MDF와 PB를 적신다면 MDF와 PB가 부풀어 계단을 들어 올리는 대형 하자가 생길 수 있다.

⑥ 계단 걸레받이 설치

계단의 경사면 걸레받이는 디딤판을 시공하기 전에 설치해야 하며, 계단참[23]에 설치하는 걸레받이는 참을 먼저 시공한 후에 걸레받이를 설치한다.

이유는 굴곡이 많고 작업 면이 복잡하거나 사선 등을 먼저 작업하고 단순하고 직각인 작업을 나중에 해야 연결면의 작업이 쉽고 깔끔하기 때문이다.

---

22) 합판을 약 50×80mm로 절단한 합판 조각
23) 현장 용어로는 오도리바라고 한다.

계단의 걸레받이 설치 1

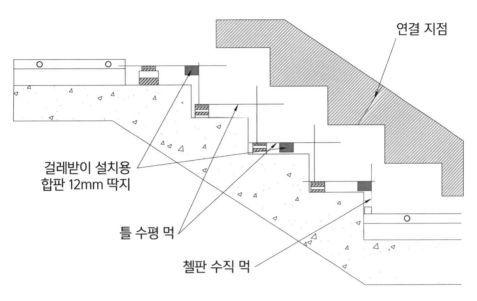

계단의 걸레받이 가공이 끝났으면 설치를 해 보자.

우리는 계단의 먹 작업에서 이미 계단의 구조 틀 먹 작업을 한 적이 있다.

이 먹줄에서 디딤판과 첼판이 만나는 바깥쪽 코너의 안쪽 먹줄에 수직과 수평에 맞춘 합판 딱지 12mm를 계단 걸레받이 가공 길이에 맞춰 설치할 걸레받이의 상부와 하부에 설치하고 걸레받이의 길이가 판재의 길이보다 길어 연결 시공을 해야 할 경우라면 연결 부위에도 딱지 를 설치하면 된다.

만약 콘크리트 바탕면과 계단과 설치할 목계단의 틀 설치 높이의 차이가 적다면 ST핀으로 벽 면에 박아도 되고 그보다 더 낮으면 걸레받이 하부에 고임목으로 높이를 맞춰 설치할 수도 있다.

계단의 걸레받이 설치 2

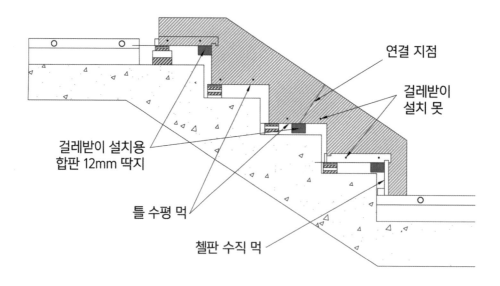

계단의 걸레받이 설치용 딱지 설치가 끝났다면 그 딱지 위에 계단 걸레받이를 올려 설치하면 된다.

걸레받이 설치는 벽의 바탕면 소재에 따라서 시공 방법은 약간 다르지만 크게 달라지진 않는다.

벽면이 석고 보드나 MDF, 합판 등 연질의 소재라면 목공용 본드를 바르고 실 타카로 작업하면 된다.

하지만 벽면이 콘트리트, 미장, 타일, 금속 등이라면 실리콘이나 에폭시 등을 바르고 목계단 걸레받이 판재의 두께에 따라 그에 맞는 콘크리트용 타카핀을 선택해서 계단 걸레받이에 디딤판으로 가려지는 자리에 고정하면 끝난다.

양쪽 면에 걸레받이를 설치한다면 첫 계단을 설치한 첼판 설치 먹에 맞추고 양면 걸레받이를 설치하면 된다.

⑦ 첼판 및 디딤판 설치

계단의 구조 틀과 걸레받이 설치가 끝났다면 첼판과 디딤판을 설치해 보자.

먼저 첼판을 설치할 각재를 설치한다. 이때 기존 콘크리트 계단보다 길면 안 된다.

첫 번째 설치할 첼판은 다른 첼판과 규격이 다르고 바탕면의 수평이 다를 수도 있기 때문에 따로 가공해서 설치해야 한다.

첫 번째 설치할 첼판은 바탕면의 생긴 모양에 따라 가공해서 첫 단의 수평 먹보다 위로 10mm 올라오게 설치해야 한다.

지금부터는 첼판과 디딤판을 설치할 때 항상 목공용 본드를 발라 줘야 하며, 실 타카핀은 첼판과 디딤판이 만나는 모든 모서리 코너에 타카의 각도를 40~50˚ 정도의 각도로 실 타카핀을 박으면 타카 자국도 남지 않고 깔끔하게 시공할 수 있다.

또, 첼판과 디딤을 설치할 내부는 우레탄폼으로 적당하게 충진하면 울림도 잡고 더욱 튼튼하게 목계단을 설치할 수 있다.

여기서 잠깐! 우레탄폼을 너무 꼼꼼하게 많이 충진하면 설치한 디딤판을 들어 올려서 하자가 발생할 수 있다.

그리고 두 번째 첼판을 설치했다면, 바로 계단 디딤판의 손상과 오염을 방지하기 위한 보양판을 설치해야 한다.

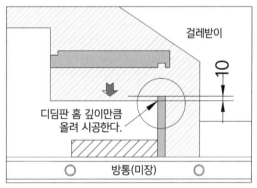

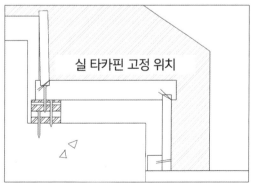

⑧ 목계단 설치와 오차 수정하기

첫 계단에 수평에 맞춰 첼판을 설치하고 디딤판을 설치했을 때 디딤판의 넓이가 약간 크거나 작을 수도 있다. 이때 이를 수정하지 않고 계단을 설치해 간다면 위로 올라갈수록 계단의 오차는 심해져서 계단을 철거하고 다시 시공할 수도 있다.

그래서 계단의 오차 수정은 꼭 필요한 작업이다. 아무리 정확하게 디딤판을 가공한다고 해도 오차는 생길 수 있다.

목계단의 오차를 수정하는 방법은 의외로 간단하다.

디딤판의 높이는 이미 디딤판 고임목(딱지)을 설치해서 작업이 끝나 있지만, 디딤판 가공 등에서 생긴 오차는 첼판으로 수정해 가면서 디딤판 설치 작업을 해야 한다.

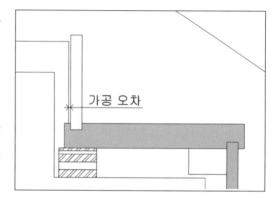

계단의 첫 단에 첼판은 수평과 수직에 맞춰 설치하고 그 위에 디딤판을 설치하면 되지만, 두 번째 첼판부터는 오차를 수정해 가야 한다.

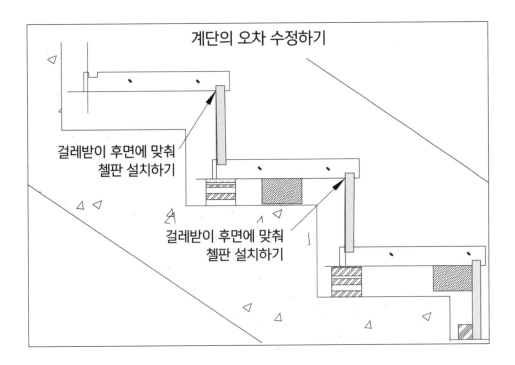

계단의 오차 수정하기

걸레받이 후면에 맞춰
첼판 설치하기

걸레받이 후면에 맞춰
첼판 설치하기

오차를 수정하는 방법은 첫 번째 디딤판 홈에 본드를 넣고 첼판을 끼워 설치한 후 계단의 사선 걸레받이에 세로로 절단된 위쪽의 면과 첼판의 뒷면을 맞추고 고정하면 끝이다.

디딤판은 사람이 밟고 다니는 곳이 정확한 수평보다 첼판을 0.5mm 정도 작게 켜서 디딤판이 앞쪽으로 살짝 기울게 설치해야 하는 것이 좋다.

만약 계단에 많은 물을 흘리더라도 계단의 디딤판에 물이 고이지 않도록 해서 계단의 판재가 물을 흡수할 시간을 줄여야 한다. 수분으로 목계단이 변형되는 것을 방지하기 위해서다.

⑨ 계단의 보양판 설치
목계단의 보양판은 합판 5mm를 사용하는 것이 가장 좋은 방법으로, 디딤판의 넓이와 같은 크기로 가공해서 설치한다.

보양판을 설치할 때, 난간대 작업을 바로 한다면 난간대를 작업할 공간을 남기고 보양판을 설치해야 하며, 보양판 위에 합판 12mm 쫄대를 놓고 실 타카핀으로 고정하거나 실 타카를

들고 실 타카핀이 10mm 이상 남도록 하여
남은 타카핀을 구부리면 된다.

사용한 계단 판재의 강도가 셀수록 더욱 뽑
기 힘들고 제대로 잘리지도 않기 때문에, 보
양판을 철거할 때는 실 타카핀을 뽑으려 하
기보다는 니퍼로 살짝 잡고 흔들어서 끊어
줘야 한다. 그럼 절대로 남은 타카핀이 계단
판재 위로 올라와 발바닥에 걸리적거리는
일이 없다.

⑩ 목계단 최상판 가공 및 마감 작업

목계단의 마무리는 마지막 디딤판의 설치로 끝이 난다. 그러나 마지막 디딤판은 현장의 여건
과 마감재에 따라 조금씩 다를 수 있다.

위층의 바닥면에 마감 작업이 끝나 있다면 그대로 설치하면 된다. 그러나 마감재가 설치 전
이라면 디딤판에 마감재의 두께만큼 턱을 만들어 마감 자재가 디딤판 턱에 올라타게 마감 작
업을 해야 한다.

계단의 마지막 단의 디딤판 가공 작업은 계단이 끝나는 층의 바닥면 마감재에 따라서 가공
방법이 달라진다고 할 수 있다.

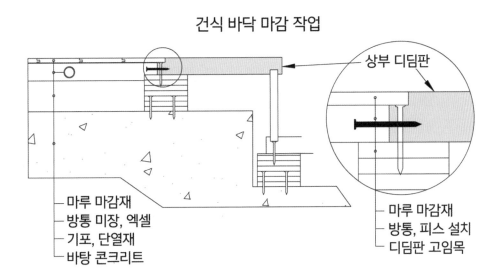

건식 바닥 마감 작업

상부 디딤판

마루 마감재
방통 미장, 엑셀
기포, 단열재
바탕 콘크리트

마루 마감재
방통, 피스 설치
디딤판 고임목

장판이나 마루 등 건식 작업일 경우에는 계단 상판에 턱을 만들어 줘야 하지만 타일이라면 턱을 만들면 안 된다.

또, 계단 상판이 들뜨거나 밀려 나오지 않도록 못을 박아 상부 미장과 묶어 줘야 한다.

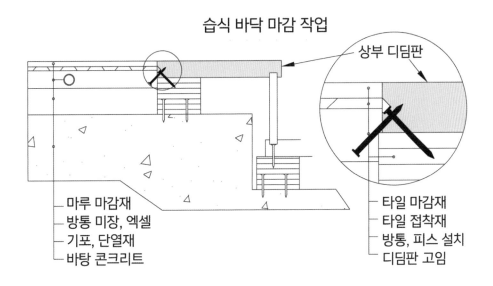

습식 바닥 마감 작업

상부 디딤판

마루 마감재
방통 미장, 엑셀
기포, 단열재
바탕 콘크리트

타일 마감재
타일 접착재
방통, 피스 설치
디딤판 고임

4. 구조물이 없는 목계단 설치

이 계단은 계단참이 없는 계단으로 계단참을 설치할 경우라도 계단참을 뺀 나머지 작업은 직선 목계단의 설치 작업과 같다. 그럼 직선 목계단을 가공해 설치해 보자.

① 높이(첼판) 실측

높이의 실측은 첫 계단이 설치될 장소와 계단이 끝나는 곳의 바닥재 최종 마감재에서 마감재의 높이를 실측한다. 이 말은 위에서도 똑같이 설명한 바 있다. 하지만 여기서는 조금 다른 이야기가 있다.

1. 높이 실측

상층 바닥면

설치하고자 하는 계단의 마지막 계단 설치 위치에서 바닥까지 실측을 한다.

659

하층 바닥면

계단의 기본 구조가 없기에 설치할 목계단이 시작하는 곳을 먼저 찾아야만 한다.

그러기 위해서는 높이와 계단을 설치할 장소에 계단으로 사용 가능한 공간의 형태에 따라서도 달라질 수 있다.

그럼 높이를 실측해 보자. 먼저 줄자로 계단을 설치할 곳에 마지막 디딤판 위치에서 높이를 먼저 실측한다.

이는 계단의 단수를 미리 확인해 보기 위한 것으로, 정확한 실측이 필요한 건 아니다.

그러나 설치할 계단의 높이를 미리 확인해야 설치할 계단의 첼판 높이와 디딤판의 수를 확인할 수 있고, 설치할 계단 첫 단의 위치를 찾을 수가 있다.

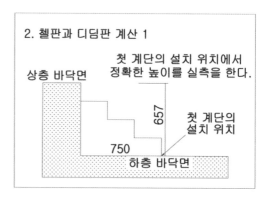

2. 첼판과 디딤판 계산 1

상층 바닥면

첫 계단의 설치 위치에서 정확한 높이를 실측을 한다.

657

첫 계단의 설치 위치

750

하층 바닥면

위의 그림에서 설치할 계단의 높이가 659mm라는 것을 확인했다. 그럼 가장 많이 설치하는 계단 한 단의 높이 160mm로 나눠 보면 4.11875개로 659mm를 4로 나누면 164.75mm가 나온다.

그럼 정확한 계산을 위해 첼판의 개수 4-1= 3으로 디딤판을 설치할 구조 틀의 수는 3개로 디딤판의 넓이 250mm를 곱하면 750mm가 나온다. 물론 디딤판의 개수는 3개, 마지막 상부에 디딤판을 설치한다면 4개가 된다.

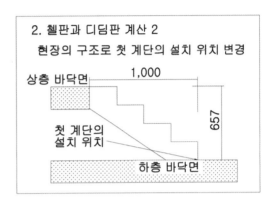

그럼 첫 계단의 위치에서 다시 정확한 실측을 하고 계산을 하면 657×4= 164.25mm다.

한 가지 주의할 점은 작업 현장의 구조와 여건에 따라서 목계단의 마감 방법이 다르다는 것이다. 현장마다 다르겠지만 어떤 곳은 계단 한 단을 밀어서 마감할 수도 있다.

그럼 디딤판과 첼판의 수는 같지만, 첫 계단의 설치 위치가 달라진다. 그럼 첫 계단이 설치될 위치에서 다시 정확한 높이를 실측해야 한다.

② 디딤판의 실측
디딤판은 계단의 시작 위치와 끝나는 위치에서 동선의 불편함이 없이 고려하고 디딤판의 규격이 ±250mm 근사치로 계산하는 것이 좋다.

정해진 공간에서 목계단을 설치한다면 최소로 200mm까지 줄이기도 하지만, 그 이하로 더 줄이지는 말자.

사진처럼 경사가 심한 곳에 설치할 수 있는 디딤발 맞추기 계단도 있다.

이 계단은 계단의 시작보다는 위층에 계단이 끝나는 곳에서 디디는 발이 왼발이냐 오른발이냐가 매우 중요한 계단이다.

③ 계단 구조 틀

목계단의 구조 틀은 주로 목계단으로 가공 설치할 목계단 판재의 수종과 같은 판재로 규격이 38×300×3600mm로 가공하는 것이 가장 좋다.

하지만 목계단 구조 틀의 길이가 3600mm를 넘는다면 계단참을 설치하거나 구조를 변경해야 하고, 계단에 사용할 목구조 틀은 절대 연결하여 시공해서는 안 된다.

④ 계단 구조 틀 가공

계단의 높이와 넓이를 계산했다면 사선의 길이($\sqrt{(A^2+B^2)}$)를 계산해 보자. 이때 꼭 다시 한번 확인해야 할 것은 이전에도 기술했듯이 아래층과 위층의 최종 마감에서 마감까지 높이(실측 높이 +위층 마감재 두께-아래층 마감재 두께)를 계산해야 한다.

물론 아래층과 위층의 마감재 두께가 같다면 계산이 필요 없다.

이전 그림에서 디딤판의 넓이는 250mm, 첼판의 높이는 164.25mm로 사선의 길이를 구하자.

공식

$\sqrt{(A^2+B^2)} = C$

$\sqrt{(250^2+164.25^2)} = 299.13mm$

일반 계산기

250×250=, M+, 164.25×164.25=, M+,

MRC, √ = 299.1288

공학용 계산기

√, 250, x^2+164.25, x^2= 299.1288

공학 계산기는 반드시 공식의 순서로 눌러

야 답이 나온다.

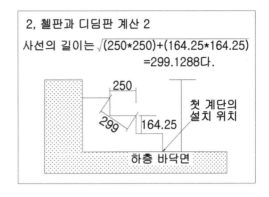

2, 첼판과 디딤판 계산 2

사선의 길이는 $\sqrt{(250*250)+(164.25*164.25)}$

=299.1288다.

그럼 일반 계산기에 299.13으로 입력하고 +를 두 번 누르고 =을 눌러 가면서 첼판의 숫자만

큼 메모하고, 가공할 판재에 표기하자.

이때, 가공할 판재의 처음 시작 위치에서 디딤판의 넓이만큼 띄고 못을 설치하면 된다.

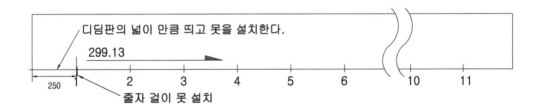

⑤ 계단 구조 틀 가공

직각자를 사용해서 가공할 판재의 표기점과 점에 직각자로 높이(단 높이 치수)와 넓이(단 넓이

치수)를 각각 맞추고 연필 선을 그린다.

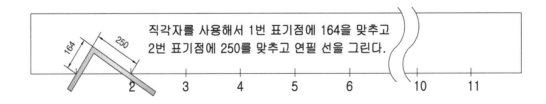

⑥ 계단 틀 조기대 만들기

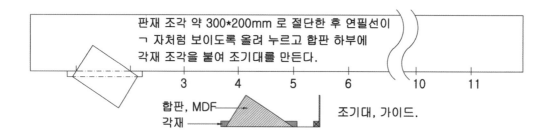

직각인 판재(합판, MDF 등) 조각을 직각자를 사용해 그린 선이 보이게 올려놓고 각재를 판재 (합판, MDF 등) 하부에 계단 구조 틀 코너에 붙여 판재에 붙여 고정한다.

⑦ 조기대 사용하기

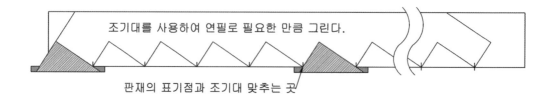

만들어진 가이드에 직각에 가까운 첼판(높이) 쪽을 4에서 표기한 점들에 맞추고 선을 그려 간다. 이때 나머지 선들은 가이드에 붙여 직각자를 사용해서 그리면 된다.

⑧ 절단 및 가공

가공할 판재의 양쪽에 필요 없는 부분을 스킬 가이드를 이용해서 먼저 잘라 낸다.

이때 계단의 하부는 디딤판의 두께만큼을 잘라야 한다. 그리고 1층 바닥면에 바닥 마감재를 설치하기 전이라면 마감재 두께만큼은 남겨 두고 잘라야 한다.

디딤판과 첼판을 설치할 부분을 잘라야 할 때는 왼손용 핸드스킬이 아니라면 디딤판은 연필 선에 맞추고 자르면 되지만 첼판 쪽은 연필 금에서 원형 톱날의 두께만큼 띄고 잘라야 한다.

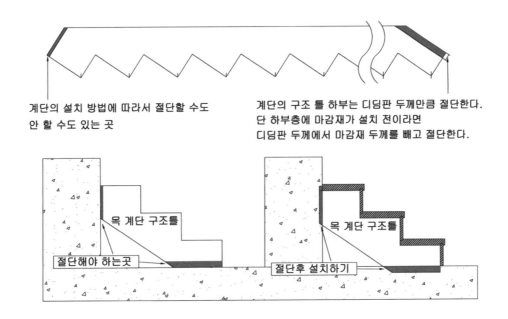

원형 톱날의 두께 만큼을 연필선에서 띄고
연필선을 넘지 않게 자른다.

원형 톱날이 연필선을 넘지 않게 자른다.

원형 톱날은 연필 선이 꺾인 곳의 선을 넘지 않도록 자르고 나머지는 손 톱날을 사용해 자르면 된다.

계단의 설치 방법에 따라서 절단할 수도
안 할 수도 있는 곳

계단의 구조 틀 하부는 디딤판 두께만큼 절단한다.
단 하부층에 마감재가 설치 전이라면
디딤판 두께에서 마감재 두께를 빼고 절단한다.

목 계단 구조틀

절단해야 하는곳

목 계단 구조틀

절단후 설치하기

⑨ 걸레받이 설치

목재 구조 틀로 계단을 작업할 때는 걸레받이 가공은 따로 하지 않아도 되며 계단 구조 틀 가공 전의 폭으로만 절단하고 상부와 하부만 가공하여 설치하면 된다.

이때는 가공된 구조 틀을 벽면에 임시 설치하고 하부 라인에 연필로 선을 그린 후 걸레받이 작업을 한다면 실수가 적어진다.

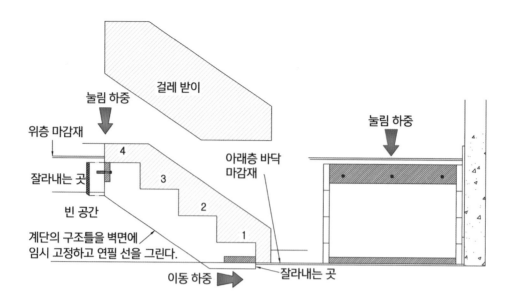

위층 마감재 / 걸레 받이 / 눌림 하중 / 잘라내는 곳 / 빈 공간 / 계단의 구조틀을 벽면에 임시 고정하고 연필 선을 그린다. / 이동 하중 / 아래층 바닥 마감재 / 잘라내는 곳 / 눌림 하중

⑩ 구조 틀 설치

계단의 목재 구조 틀을 설치할 때는 상부를 기준으로 설치해야 한다. 위층의 바닥면 마감재의 설치 여부에 따라 다르겠지만 마감재가 설치될 높이 또는 설치된 마감재에서 디딤판의 두께를 빼고 계단의 폭에 맞춘 각재 또는 판재를 튼튼하게 설치해야 한다.

설치할 계단이 벽면에 붙여 설치한다면 가공한 계단의 구조 틀을 벽면에 먼저 설치하면 된다.

가공한 계단의 구조 틀 하부는 올라가는 반대 방향으로 밀리는 힘이 작용하지만, 못으로 고정할 수 없는 경우가 대부분이다.

이는 주택의 경우 방바닥에 엑셀[24] 파이프가 들어 있기 때문이다.

---

24) 온수가 지나가는 난방 호스

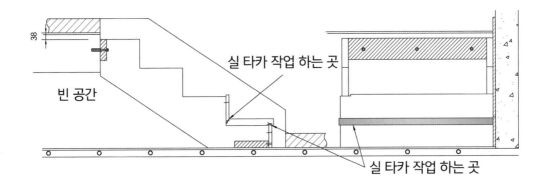

계단의 하부를 고정하는 방법은 마감재의 종류나 엑셀 파이프 설치 여부에 따라 본드, 실리콘, 에폭시 등을 사용할 수 있으며 파이프가 안 들어 있다면 세트 앙카 또는 콘크리트 못으로 설치하면 된다.

이때, 첫 계단의 수평과 계단의 직각[25]을 다시 한번 확인하고 계단의 목재 구조 틀을 설치해야 한다.

⑪ 첼판 및 디딤판 설치

계단의 구조 틀 설치가 끝나고 첫 번째 설치할 첼판은 다른 첼판보다 작고 바닥면의 수평에 따라 가공해서 설치해야 할 경우가 많다.

바닥면에 바닥재 마감 작업이 끝나 있고 수평에 많은 차이가 있다면 바닥면의 생긴 모양에 따라 가공해서 설치해야 한다.

---

25) 현장 용어로는 오가네라고 한다.

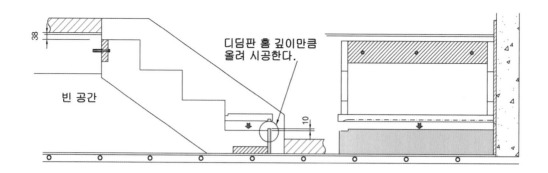

디딤판 홈 깊이만큼
올려 시공한다.

빈 공간

38

10

계단에 첼판과 디딤판을 설치할 때는 항상 목공용 본드를 발라 줘야 하며, 실 타카핀은 첼판과 디딤판이 만나는 모든 모서리 코너에 타카의 각도를 40~50° 사이로 하여 실 타카핀을 박으면 타카 자국도 잘 안 보이고 마감도 깔끔하게 작업할 수 있다.

그리고 두 번째 첼판을 설치했다면, 바로 계단 디딤판의 손상과 오염을 방지하기 위한 보양판을 설치해야 한다.

⑫ 보양판 설치

목계단의 보양판은 합판 5mm를 사용하는 것이 가장 좋은 방법으로 디딤판의 마감 넓이와 같은 크기로 가공해서 설치한다.

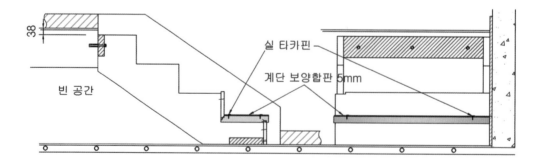

실 타카핀

계단 보양합판 5mm

빈 공간

38

보양 합판을 설치할 때 난간대 작업을 바로 한다면 난간대를 작업할 공간을 남기고 보양 합판을 설치해야 하며 보양판 위에 합판 12mm 쫄대를 놓고 실 타카핀으로 고정하거나 실 타카를 들고 실 타카핀이 남도록 하여 남은 타카핀을 구부리면 된다.

다시 한번 강조하지만, 보양 합판을 철거할 때는 실 타카핀을 뽑으려 하지 마라. 계단 판재가 강한 나무일수록 안 뽑힌다.

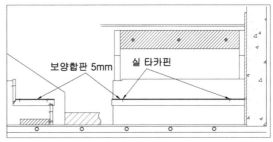

보양 합판을 철거한 후 실 타카핀을 니퍼로 살짝 잡고 흔들어서 끊어 줘야 한다. 그럼 절대로 남은 타카핀이 계단 판재 위로 나오는 일은 없다.

⑬ 마지막 디딤판 설치

마지막 디딤판은 현장의 상황에 따라 조금씩 다를 수 있다.

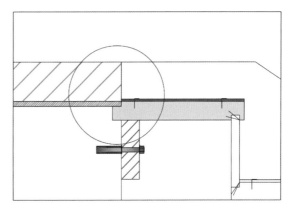

위층의 바닥면에 마감 작업이 끝나 있다면 그대로 설치하면 되지만, 마감재가 설치되기 전이라면 디딤판에 마감재의 두께만큼 턱을 만들어 마감 자재가 디딤판 턱에 올라타도록 작업해야 한다.

5. 목계단참

①계단참(꺾인 계단)

내장 목수는 계단참을 오도리바라고 부른다.

계단참을 설치하는 이유는 계단으로 사용할 공간과 면적 높이 아래층과 위층에 계단 설치 조건 및 계단의 디자인 등 수많은 이유와 조건이 있을 수 있다.

그럼 중요하다고 생각되는 몇 가지만 추려서 보자.

기본 구조가 콘크리트로 된 계단이라면 이미 계단참이 만들어져 계단 판재로 포장만 하면 되기에 큰 어려움이 없이 계단참 설치가 가능하다.

하지만 목재로 참계단의 모든 구조물을 만들어야 한다면 작업 현장의 설치 환경에 따라서 큰 차이가 있을 수 있다.

계단 설치할 곳 상부의 타공 위치 및 크기, 설치할 공간, 사용자의 편리성 등을 확인하고 계단참의 설치 위치와 높이 넓이를 계산하고 계단참의 형태를 정하고 계단을 설치해야 한다.

계단참을 설치하기 위한 높이와 넓이는 계단을 설치할 장소의 형태에 따라서 결정된다.

계단을 설치할 공간(위치)에 양쪽의 벽면에 길이가 같다면 계단참은 계단의 절반 높이에 설치되겠지만, 올라가는 쪽에 계단의 벽면이 길면 참의 높이는 올라가고 벽면이 짧다면 낮아지는 것이 일반적이다. 하지만, 이 또한 정답은 아니다.

계단참은 계단의 시작 위치와 끝나는 위치에 따라서도 달라질 수 있기 때문이다.

첫 계단에서부터 계단참까지와 계단참에서부터 마지막 계단까지 첼판에 수가 같다면 계단참의 높이는 계단 아래층 마감에서 위층 마감까지의 정확한 절반이 된다.

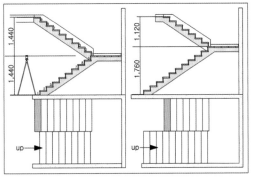
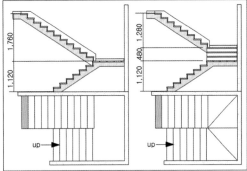

하지만 계단의 참에서 아래와 위의 첼판의 수가 다르면 높이도 달라지기 마련이다.

그럼 계단의 넓이와 단 높이를 계산하면 계단참의 설치 위치와 크기를 알 수 있다. 현장의 여건에 따라 디딤판을 설치할 거리가 짧다면 계단참을 이용해서 디딤판의 넓이를 확보해야 한다.

계단의 참은 모든 현장의 현장 여건에 따라 설치 방법이 달라지기에 계단의 단 높이 계산 방법과 계단의 넓이 계산 방법을 이해하면 된다.

계단참도 설치할 계단 중에 하나로, 다른 계단보다 넓게 만들어진 계단 중 한 단일 뿐이다.

6. 원형 목계단

① 원형 계단 가공 방법

원형 계단은 인테리어 내장 목수가 현장에서는 설치하는 경우는 매우 드물다. 간혹 원형 계단의 금속 구조물을 설치하고 디딤판을 설치하기도 하지만 목재의 특성상 원형 계단의 구조물을 만들기란 상당히 까다롭고 어렵다고 생각하기 때문이다.

그러나 원형 목계단의 작업도 별로 어려운 작업은 아니다.

원형 계단을 만들기 위해서는 먼저 원을 나누는 원의 분할을 알아야 한다.

원의 분할 방법을 알고 있다면 원형으로 만들어야 할 계단, 천장 등박스, 붙박이 의자, 테이블, 가구, 선반 등 활용 가능한 곳이 아주 많다.

내장 목수는 숫자로 작업을 하기에 복잡한 공식보다는 숫자로 바로 답이 나오는 것을 좋아한다.

그럼 수학 공식을 일명 현장 공식으로 살짝 바꿔 원을 분할해 보자.

원형 계단을 설치할 각은 270° 높이는 2500 안쪽의 원형 기둥 반지름이 500mm, 바깥쪽의 반지름이 1600mm라 하면 원형 계단의 디딤판 수와 가공 방법 등을 알아보자.

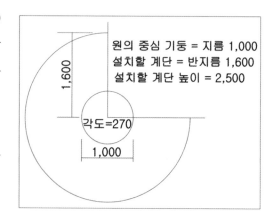

원의 중심 기둥 = 지름 1,000
설치할 계단 = 반지름 1,600
설치할 계단 높이 = 2,500

먼저, 높이를 가장 편한 일반적 계단 한 단의 높이 160mm로 나눈다.

높이 2500/계단 한 단의 높이 160mm= 15.625개. 그럼 반올림해서 16개로 하고 다시 2500을 16단으로 나누면 156.25mm가 나온다.

여기서 원형 계단의 상부에 설치할 디딤판은 모양이 달라서 첼판의 수에서 하나를 빼면 원형 계단에 사용할 디딤판의 개수다.

원형 계단에 사용할 디딤판의 수를 확인했으니 원을 분할해 보자.

공식

sin(각도/(디딤판 수×2))×반지름×2

공학용 계산기

sin(270˚/(15×2))×1600×2= 500.59

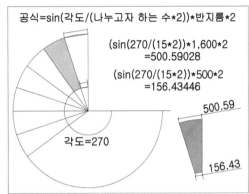

풀어서 다시 써 보면 sin(각도 270/(나
눠야 할 수 15×2))×반지름 1600×2=
500.59mm가 나온다.

이 숫자가 원형 목계단 작업에 사용할 원을
나누는 치수로 원과 원에 접하는 직선의 거리다.

그럼 디딤판의 규격을 알았으니 디딤판 가공 작업을 해 보자. 여기서 디딤판은 첼판의 홈을
만들 것인가 아닌가로 나눌 수 있지만, 디딤판의 규격은 달라지진 않는다.

② 원형 계단의 분할 및 오차 수정

원의 분할에서 오차 수정은 꼭 필요한 과정이다. 원의 둘레를 아무리 정확하게 나눈다고 해
도 오차는 생길 수밖에 없다. 이를 수정하지 않는다면 원형 계단의 디딤판에 크기가 달라질
수 있다. 오차를 수정하는 방법은 간단하다.

원의 분할에 오차의 수정은 큰 원의 둘레에서 작업하는 걸 원칙으로 한다. 위에서 제시한 반
지름 1600mm의 원을 그리고 원의 중심을 지나는 90˚ 직각의 선을 그린다.

위에서 원의 분할로 구한 반지름 1600mm에 그려진 원에 원이 접하는 길이(501mm)의 조기대
를 만들어 원의 중심을 지나는 열 십(+) 자와 원의 둘레가 만나는 한 점으로부터 270˚ 원의 둘
레 선을 따라 직선의 조기대(500.59mm)가 만나는 원의 둘레에 접한 점으로 표기해 간다.

마지막 원의 접한 점과 점의 차를 조기대에 반영해 다시 한번 표기하면 된다. 가끔은 한 번에
맞기도 하겠지만 극히 드문 일이다. 1mm 이상 큰 오차가 아니라면 원형 계단의 설치에서 쉽
게 오차를 수정할 수 있다.

③ 정원의 루타 작업

내장 목수 작업 중 원형 판재의 가공 작업은 생각보다 많이 한다.

원의 가공은 루타(트리머)를 사용하여 가공하는 것이 가장 정확한 원을 만들 수 있고 그러기 위해서는 가이드를 만들어 루타를 부착해야 한다.

내장 목수는 현장에서 사용하는 가이드를 대부분 직접 만들어서 많이 사용하고 정원의 루타(트리머) 가이드도 현장에서는 직접 만들어서 사용하며, 정원의 루타 가이드는 생긴 모양이 주걱을 닮아서 주걱 또는 루타 주걱이라고 부른다.

정원의 작업에 사용하는 루타 가이드는 고정하는 못이 하나로 못을 중심으로 회전하며 판재를 가공하는 일종의 컴퍼스라고 생각하면 된다.

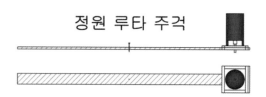

정원으로 가공해야 하는 자재(판재)를 하부에 두고, 가이드 설치 위치를 표기한 후 가이드에 루타 날을 조정하고 반지름값을 계산하여 못이 가이드를 통과해서 자재에 표기한 점에 가이드를 고정해야 한다.

루타 작업의 방향은 정원의 중심점에서 반시계 방향으로 회전하며 가공해야 한다.

④ 원형 계단 디딤판 가공

원형 계단의 디딤판 가공은 원의 중심으로부터 가공하는 게 아니다.

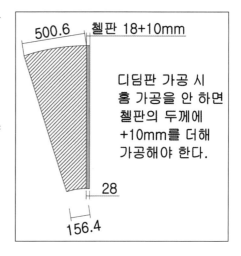

원의 분할에서 나눠진 디딤판 하나의 크기에 디딤판의 올라가는 쪽의 전면을 첼판의 넓이에서 약 10mm를 더한 치수를 같은 치수로 일정하게 더해 줘야 하기 때문이다.

나머지는 일반 목계단 시공 방법과 같다.

⑤ 타원의 계단

타원의 계단은 원형 계단보다 상당히 어려운 계산 방법이 필요하다. 일단 타원의 둘레를 계산하는 공식부터가 복잡하며 여러 가지 공식이 있지만 두 가지만 알고 가자.

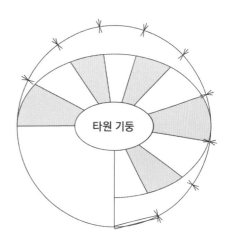

타원의 둘레를 구하는 공식

타원의 둘레 ≒ $2\pi\sqrt{(a^2+b^2)/2}$

예를 들어 a= 5, b= 4라고 한다면 타원의 둘레는 $2\times\pi\times\sqrt{(5^2+4^2)/2}$= 28.448m가 된다.

또 다른 공식

타원의 둘레 ≒ $\pi\{5(a+b)/4-ab/(a+b)\}$
풀어서 쓰면 타원의 둘레 ≒ $\pi\times(5((a+b)/4)-((a\times b)/(a+b)))$

여기에 숫자를 대입해 보면 타원의 둘레는 ≒ π×(5((5+4)/4)−((5×4)/(5+4)))= 28.3616m 가 된다.

타원의 둘레를 정확하게 구하는 공식이 어떤 것인지 아직은 모르겠고 타원의 분할도 솔직히 모르겠다.

그러나 꼭 타원의 계단을 원한다면, 타원의 장축으로 그려진 정원에서 계단의 분할을 하면 계단의 디딤판 패턴이 일정해 작업도 편하고 시간도 줄일 수 있다.

다만, 정원에 가까운 타원만이 가능하다.

나머지는 원형 계단의 분할과 일반 목계단의 시공 방법과 같다.

9 계단 난간대

계단 난간대는 한동안은 각재를 로구로[26] 작업을 한 기성품을 많이 사용했으나 지금은 금속 (평철) 및 유리 등으로 난간대 작업을 많이 한다.

또, 금속 작업 후에 손 스침(핸드레일)만 계단 판재와 같은 목재(수종)로 손 스침 작업을 한다.

하지만, 아직도 목조 주택에서 가장 많이 사용하는 난간대는 계단의 구성 판재와 같은 기성 품 로구로, 대봉, 소봉, 난간대라 할 수 있다.

---

26)   사각형인 각재를 원형으로 가공하는 공정

336

1. 난간대 실측 및 계산

① 계단의 각도 계산하기

계단의 각도를 미리 계산해 두면 손 스침(핸드레일) 및 소동자(소봉) 설치 작업에서 유용하게 사용할 수 있다.

나중에 계단의 각도를 계산해도 상관없지만, 계산기를 사용할 때 미리 해 두자.

각도를 계산한다고 공학용 계산기를 따로 가지고 다닐 필요는 없다.

지금은 스마트폰에 공학용 계산기 앱이 있기에 스마트폰의 공학용 계산기에 있는 사용 방법으로 다시 한번 확인해 보자.

계단의 각도는 이미 알고 있는 계단 한 단의 높이와 디딤판 넓이를 알고 있기에 $\tan^{-1}$로 계산해 보자. 공학용 계산기에서 $\tan^{-1}$ 또는 atan를 누른다. 계산기마다 누르는 방법이 조금씩 다르지만, $\tan^{-1}$ 또는 atan를 바로 누를 수는 없다.

스마트폰 공학용 계산기를 켜고 SHIFT, 또는 ⇄, 를 누르면 $\tan^{-1}$ 또는 atan라고 변환이 된다.

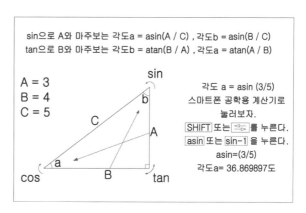

sin으로 A와 마주보는 각도a = asin(A / C) , 각도b = asin(B / C)
tan으로 B와 마주보는 각도b = atan(B / A) , 각도a = atan(A / B)

A = 3
B = 4
C = 5

각도 a = asin (3/5)
스마트폰 공학용 계산기로 눌러보자.
SHIFT 또는 ⇄ 를 누른다.
asin 또는 sin-1 을 누른다.
asin=(3/5)
각도a= 36.869897도

그럼 $\tan^{-1}$ 또는 atan를 누르고 구하고자 하는 각도에 마주 보는 변의 길이를 누르고 나누기 나머지 변의 길이를 누른 후에 꼭 괄호 닫기)를 누르고 =을 누르면 각도가 나온다.

한 계단의 단 높이는 174mm 단 넓이는 262mm라고 하면 ⇄ $\tan^{-1}(174/262)$= 33.589°다.

2. 대동자의 가공 및 설치

대동자(대봉)는 계단 및 데크 작업등에서 난간대(손 스침) 소봉 등을 설치하기 위한 굵은 기둥을 말한다.

대봉은 누가 뭐라 해도 튼튼하게 시공해야 한다. 그러기 위해서는 설치하는 위치와 길이에 따라서 시공 방법 또한 달라진다.

하지만, 계단에 대봉을 설치하는 수많은 방법 중 가장 튼튼하고 안전한 방식은 첼판에는 붙이고 디딤판은 걸치게 가공하는 것이다. 위의 방법대로 시공하면 보기에도 좋고 안정감이 있다.

대봉은 설치 전에 계단의 경사각과 소봉의 높이를 확인하고, 설치할 위치와 높이에 맞게 설치해야 손 스침의 경사각이 계단의 경사각과 같게 설치할 수 있으며, 소봉을 설치할 때도 같은 길이로 가공할 수 있다.

그럼 계단 하부 기둥 대봉의 높이를 기준으로 가공 작업을 해 보자.

내장 목수들이 계단에 대봉을 설치할 때 가장 많이 하는 실수가 상부와 하부의 대봉 설치 길이를 동일하게 하는 것이다. 그러나 계단 상부와 하부에 설치하는 대봉의 길이는 다르다.

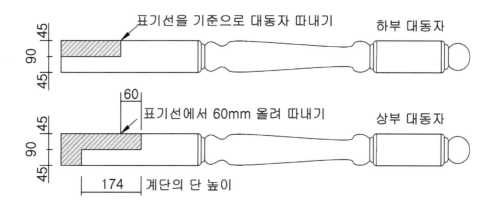

표기선을 기준으로 대동자 따내기
하부 대동자

90
45
45

60
표기선에서 60mm 올려 따내기
상부 대동자

90
45
45

174 | 계단의 단 높이

먼저 대봉을 계단의 첫 단에 붙여 표기한다. 이때, 바닥면에 마감재가 있다면 큰 문제는 없지만 마감재를 설치하기 전이라면 상부 대봉의 치수에 영향이 있기 때문에 상부 기둥도 함께 표기해야 한다.

그럼 상하부의 기둥에 길이는 얼마나 차이가 있을까?

대봉 절단 길이의 차이는 기둥의 규격에 따라 변한다. 대봉의 규격을 90mm 각이라고 할 때, 상하부의 기둥에 차이를 구하는 방법은 세 가지가 있다.

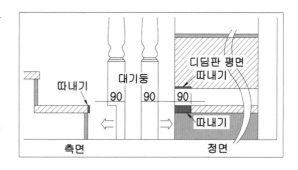

① 이미 알고 있는 계단의 각도로 구하는 방법은 삼각함수 tan(계단의 각도)×대봉의 단면 규격이다. **tan(33.589°)×90= 59.77mm**로 약 60mm다.

② 계단의 단 높이(174mm)와 단 넓이(262mm)로 구하는 방법은 삼각비로 계산한다. (기둥 90×높이 174)/넓이(262)다.

x= (90×174)/262= 59.7709mm로 60mm다.

③ 가장 쉬운 방법으로는 이미 만들어 사용한 계단
의 조기대가 있다면, 조기대를 사용해 표기하고
치수를 확인하면 된다.

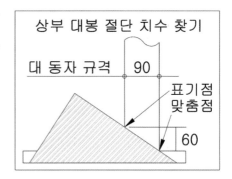

대봉의 가공 작업을 다 했다면 설치를 해 보자. 먼저
디딤판에 대봉의 치수만큼을 따야 한다.

디딤판을 따내기 한 곳에 계단 하부 기둥에 설치하면 된다. 이때 본드를 넉넉하게 바르고 실
타카로 설치하면 본드가 마르면서 튼튼하게 고정된다.

계단 상부 기둥도 같은 방법으로 설치하자.

상부 평면에 설치하는 기둥은 하부에 기둥을 설치할 홈을 파서 설치하는 것이 제일 좋은 방
법이지만, 홈의 깊이는 기둥 소재의 두께와 같아야만 튼튼하고 좋다고 할 수 있다.

그렇다고 10~20mm의 홈을 파서 설치하는 것이 크게 안 좋은 방법은 아니다. 다만 노력한
공정에 비하면 설치가 약하다고 할 수 있다.

그렇다고 튼튼하게 설치할 방법이 없는 건 아니다.

그림처럼 기둥에 피스를 50mm 이상 박고 디딤판
에는 피스보다 약간 큰 구멍을 디딤판 두께의 약
80~90% 깊이로 뚫어 에폭시를 충진하고 나머지
면에는 본드를 바르고 실 타카로 고정하면 매우
튼튼하다.

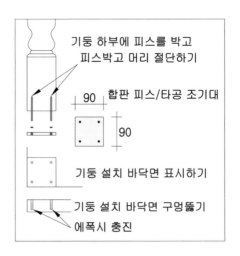

단, 구멍이 디딤판을 통과해 뚫리면 안 된다. 또 디
딤판에 구멍은 피스보다 커야만 오차를 수정할 수
있다.

다만, 대봉끼리 간격이 짧고 꺾인 곳이나 벽면에 가까운 기둥이라면 바로 단면에 본드를 바

르고 설치한다고 해도 충분한 힘을 받는다.

대봉의 규격은 정각(80, 90, 100, 110, 140×1200mm)의 기성품들이 있고 디자인도 다양하다. 또 원하는 디자인으로 로구로 주문 가공도 할 수 있다.

3. 손 스침 작업 및 종류

목계단의 손 스침(핸드레일)은 대봉을 설치 후에 계단의 경사각과 높이를 정확하게 계산하고 설치해야만 다음 작업인 소봉의 설치가 쉽다.

손 스침의 경사각은 이미 목계단을 설치할 때 계산한 각도로 바로 절단할 수 있어서 절단할 길이를 표기하는 방법만 알면 된다.

내장 목수의 작업에서 줄자는 매우 중요한 작업 도구지만 줄자를 사용하지 않고 정확하게 작업할 수 있다면 모든 작업에서 가장 빠르고 실수가 매우 적다.

줄자는 꼭 필요한 곳에서만 사용하고 손 스침을 절단해 설치해 보자.

손 스침은 길이를 표기하고 절단한 후에 손 스침에 소봉이 설치될 위치를 표기해야만 한다.

계단은 일반적인 분할을 적용하지 않는다. 이유는 이미 분할된 치수가 있기 때문이다.

그럼 손 스침에 표기할 숫자는 이미 알고 있는 계단 한 단의 대각선 길이다. 다시 구해 보자. 단 높이 174mm 단 넓이 262mm의 대각선 길이는 $\sqrt{(174^2+262^2)}$= 314.5mm다.

답을 알고 있으니 계산기에 314.5mm를 입력하고 + +를 눌러 메모한 숫자를 손 스침의 하부에서부터 표기하면 끝이다.

손 스침의 기성품 종류로는 절단면의 모양에 따라 식빵, 반원, 정원 등으로 불리며 필요에 따라 현장에서 디자인해 가공 작업도 한다.

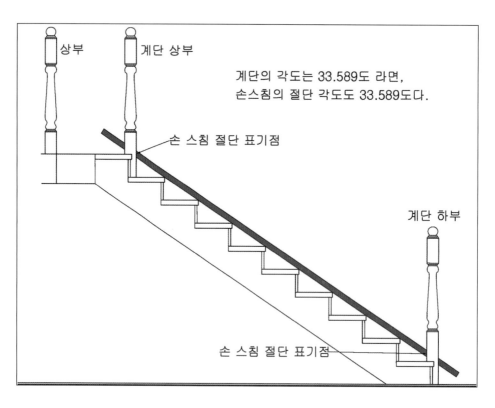

상부 계단 상부

계단의 각도는 33.589도 라면,
손스침의 절단 각도도 33.589도다.

손 스침 절단 표기점

계단 하부

손 스침 절단 표기점

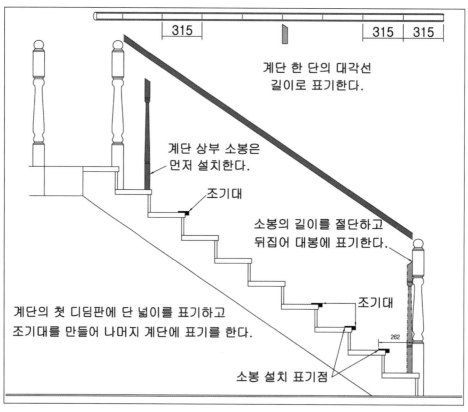

315 315 315

계단 한 단의 대각선
길이로 표기한다.

계단 상부 소봉은
먼저 설치한다.

조기대

소봉의 길이를 절단하고
뒤집어 대봉에 표기한다.

조기대

262

계단의 첫 디딤판에 단 넓이를 표기하고
조기대를 만들어 나머지 계단에 표기를 한다.

소봉 설치 표기점

4. 소동자의 가공 및 설치

소동자(소봉)는 계단 및 데크 작업 등에서 안전망 역할을 하는 작은 기둥을 말한다.

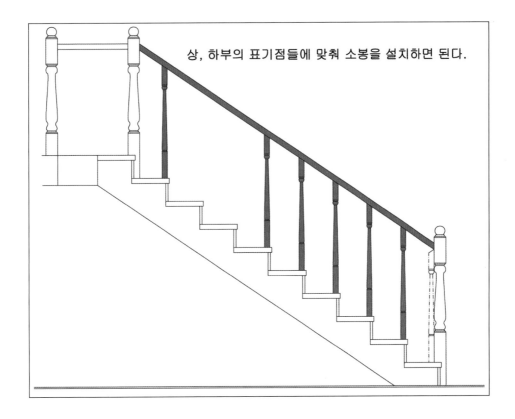

상, 하부의 표기점들에 맞춰 소봉을 설치하면 된다.

소봉은 설치는 장소의 사용 목적과 사용자의 환경에 따라 그 간격을 달리할 수도 있지만, 보통은 소봉 사이 간격은 120~250mm까지 다양하게 설치한다.

다만, 어린이들이 주로 사용하는 공간이라면 어린아이들이 소봉 사이를 드나들 수 없게 설치해야 한다.

목계단의 소봉 설치는 손 스침 작업 후에 설치 설치해야 실수가 적고 작업이 쉽다. 소봉의 규격은 정각 40, 45, 50×900mm의 기성품이 있고 대봉과 같이 원하는 디자인으로도 주문할 수 있다.

또, 현장에서 직접 원목 또는 집성목으로 디자인해 가공 작업해도 된다.

끝내며 ◇◇◇

여기까지가 인테리어 목공사의 가장 일반적인 자재와 내장 목수의 매우 기본적인 작업이라고 할 수 있습니다.

책의 기본도 모르면서 무작정 시작한 이 작업을 마무리하며, 현장에서 내장 목수들과 직접 작업하면서 설명하는 것과 글과 그림으로 설명하는 것에 차이가 이리도 크고 힘든 일인 줄은 정말 몰랐어요.

또, 더 많은 내용을 더 쉽게 담아내지 못했다는 아쉬움도 많이 남습니다. 그러나 다시 한번 내장 목수의 작업 공정을 나눠서 한 공정씩 더욱 알차고 누구라도 쉽게 이해할 수 있도록 내장 목수의 작업 방법과 디자인으로 도전해 볼까 합니다.

목재 및 판재 사진과 자재의 다양한 지식을 나눠 주신 간지목재 대표님, 현장에서 작업하면서 많은 사진을 찍어서 보내 주시고 응원해 주신 박정옥, 김홍근, 강민성, 정정우, 김동신, 장기주, 김문환 등 내장 목수반장님들, 도면과 그림 작업 등을 도와주신 예지학건설 디자이너 홍상현 대리, 정호재 팀장님, 이경덕 소장님 그리고 저에게 많은 디자인으로 작업을 할 수 있게 해 주신 디자인지대 김승환 대표님, 한마음건설 정한기 대표님, 찬인테리어 박익찬 대표님, 최성욱 소장님 외 격려와 용기를 주신 분들께 감사드립니다.

성신여대 카페 이드에비뉴에서

인테리어 내장 목수 마법망치 이일현

마법망치의 내갱 목수 교과서

1판 1쇄 발행 2022년 3월 4일
1판 2쇄 발행 2022년 6월 3일
1판 3쇄 발행 2023년 6월 13일

저자 이일헌
이메일 2060404@hanmail.net

교정 윤혜원 **편집** 문서아 **마케팅·지원** 김혜지

펴낸곳 (주)하움출판사 **펴낸이** 문현광

이메일 haum1000@naver.com **홈페이지** haum.kr
블로그 blog.naver.com/haum1000 **인스타그램** @haum1007

ISBN 979-11-6440-941-9 (13540)